Günter Kröber

Ababa von Palindromien - Leben und Ansichten einer berühmten Zahl, in Wort und Bild aufgezeichnet von einem ihrer Verehrer

GRIN Verlag

Bibliografische Information der Deutschen Nationalbibliothek:

Die Deutsche Bibliothek verzeichnet diese Publikation in der Deutschen National-
bibliografie; detaillierte bibliografische Daten sind im Internet über http://dnb.d-
nb.de/ abrufbar.

Impressum:

Copyright © 2008 GRIN Verlag GmbH
Druck und Bindung: Books on Demand GmbH, Norderstedt Germany
ISBN: 978-3-640-16043-3

Dieses Buch bei GRIN:

http://www.grin.com/de/e-book/115062/ababa-von-palindromien-leben-und-
ansichten-einer-beruehmten-zahl-in

GRIN - Your knowledge has value

Der GRIN Verlag publiziert seit 1998 wissenschaftliche Arbeiten von Studenten, Hochschullehrern und anderen Akademikern als eBook und gedrucktes Buch. Die Verlagswebsite www.grin.com ist die ideale Plattform zur Veröffentlichung von Hausarbeiten, Abschlussarbeiten, wissenschaftlichen Aufsätzen, Dissertationen und Fachbüchern.

Besuchen Sie uns im Internet:

http://www.grin.com/

http://www.facebook.com/grincom

http://www.twitter.com/grin_com

Günter Kröber

Ababa von Palindromien

**Leben und Ansichten einer Zahl,
in Wort und Bild aufgezeichnet von einem ihrer Verehrer**

Bd. I.   **Die Meisterfreier von Palindromien**

Inhalt

Das Dekret

Palindromien ist ein Land des Wundersamen. In Raum und Zeit erstreckt es sich ins Unermeßliche. Menschen und Zahlen wohnen in ihm in trauter Gemeinschaft.

Von den Menschen geht jeder seiner täglichen Arbeit nach, und alles ist, wie wir es kennen: Das Wachen und das Schlafen, das Gehen und das Stehen, das Essen und das Trinken, das Leiden und das Hoffen, das Lieben und das Hassen, und auch die Art, Nachkommen zu zeugen. Der Zauber, der über Palindromien liegt, bewirkt aber, dass in ihm Menschen auch Zahlen hervorbringen können.

Denn auch die Zahlen haben Leben. Sie kennen Neigung und Freundschaft, Missgunst und Neid; sie gehen miteinander einheitliche oder unterschiedliche Beziehungen ein, leben in Gruppen oder einzeln, verhalten sich bald so, bald so, und erzeugen Nachkommen, indem sie sich verknüpfen.

Für die Zahlen in Palindromien gilt jedoch eine strenge Regel: Jede muss es vermögen, sich umzukehren und mit ihrer Umkehrung eine Verbindung per Addition oder Subtraktion einzugehen. Nachkommen sollen nur aus solchen Verbindungen erwachsen.

Im Lande regierte König Pal I. Er war jung und stark, und alle liebten ihn wegen seines freundlichen Wesens und seiner Güte. Doch sah man ihn bisweilen traurig und gesenkten Hauptes durch die palindromischen Gefilde reiten, denn er und seine Frau, die Königin Palina, wünschten sich nichts sehnlicher als ein Kind, das ihnen jedoch schon viele Jahre versagt blieb.

„Ach, wenn wir doch ein Kindlein hätten", sprach die Königin zu ihrem Gemahl, „wie wollte ich es herzen und lieben."

„Wär`s ein Knabe, so sollte er nach unserem Tode das Königreich mit starker Hand regieren. Wär`s ein Mädchen, so würde ihm ein würdiger Freier zuteil, der an seiner Seite das Land vor feindlichem Begehren schützen könnte", pflichtete der König bei.

Es vergingen noch mehrere Jahre, bis ihr Wunsch endlich in Erfüllung ging und die Königin ein Mägdelein gebar. Im ganzen Land herrschte Freude und Festtagsstimmung. Es war ein fröhliches Umkehren und Addieren und Subtrahieren unter den Zahlen, das allerorten die Straßen und Plätze erfüllte und an dem alle Bewohner Palindromiens – Menschen wie Zahlen gleichermaßen - freudigen Anteil nahmen.

Die Prinzessin war klein und zierlich. Die Eltern nannten sie Ababa. Der Name war sorgsam gewählt. „Ababa ist ein Palindrom", ließ Pal I. verlauten. „So wird vor aller Welt dokumentiert, dass die Prinzessin zum Geschlecht derer von Palindromien gehört. Und weil er ein Palindrom ist, kann man ihn auch rückwärts lesen oder sprechen, ohne dass eine Umkehrung ihn je verändern könnte."

Ababa war eine Zahl; sie bestand aus nur vier Ziffern, die zudem als farbige Pixel verkleidet waren. Doch besaß sie die wundersame Eigenschaft, in Abhängigkeit von ihrem Alter in verschiedenen Gestalten auftreten zu können. Am besten gefiel sie sich, wenn sie als ihre ersten beiden Ziffern die Eins und die Null tragen durfte, denn das waren die zwei einzigen

Ziffern, die in jedem Zahlensystem vorkommen. Die beiden letzten Ziffern Ababas aber waren die beiden Vorgängerinnen derjenigen Jahreszahl, die ihr jeweiliges Alter angab. Als sie drei Jahre zählte, hatte sie mithin die Gestalt 1012, mit zehn Jahren sah man sie als 1089 usw. Wie wir Menschen auch, so veränderte sie sich also mit zunehmendem Alter.

Doch besaß sie darüber hinaus die erstaunliche Fähigkeit, mit jeder beliebigen Zahl a zu beginnen, wenn diese nur kleiner war als die Zahl b ihrer Jahre. Diese Eigenschaft bewirkte, dass Ababa immer in der Gestalt $a(a – 1)(b – a– 1)(b – a)$ erschien.

Was alle Bewohner Palindromiens an ihr aber am meisten bewunderten, war, dass sie immer gerade so alt war, wie sie es wollte. War sie ihren Gespielinnen gestern noch als vierzehnjährige Teenagerin in den Gestalten 10(12)(13) oder 21(11)(12) oder 32(10)(11) bis hin zu (13)(12)01 erschienen, so konnte sie heute als Dreijährige den Kindergarten in den Gestalten 1012 und 2101 betreten, und morgen als zweiunddreißigjährige erfolgreiche Managerin ihre Mitarbeiter bald als 10(30)(31) oder 21(29)(30) oder 32(28)(29) bis hin zu (31)(30)01 befehligen.

Die Vielfalt möglicher Gestalten machte Ababa begehrenswert für viele Verehrer. Aus allen Teilen Palindromiens und auch von außerhalb des Landes strömten sie herbei, um ihre Kunst und ihre Anmut zu preisen und um ihre Hand anzuhalten. König Pal I. und Königin Palina wähnten sich ins menschliche Mittelalter versetzt, in die Zeit der Minnesänger und Troubadure und deren späteren Nachfolger. Sie sannen deshalb darüber nach, wie das Werben um die Prinzessin in geregelte Bahnen gelenkt werden könne. Sie waren sich einig, dass jeder Freier sich einer strengen Prüfung unterziehen müsse.

Die Königin, die alle Märchen der Brüder Grimm auswendig kannte, schlug vor, Ababa solle so vorgehen, wie die übermütige Königstochter aus dem Märchen „Das Rätsel".

„Diese", erklärte sie dem König, der sich in Märchen weit weniger auskannte als im guten Regieren, „hatte bekannt machen lassen, wer ihr ein Rätsel vorlege, das sie nicht erraten könnte, der sollte ihr Gemahl werden. Sie war aber so klug, dass sie immer die vorgelegten Rätsel in einer Frist von drei Tagen erriet, worauf dem Bewerber das Haupt abgeschlagen wurde." Ein unfehlbare Prozedur, den Richtigen zu ermitteln, befand die Königin.

Der König hatte jedoch Bedenken. Sollte Ababa so klug sein wie die Königstochter aus dem Märchen, und daran war nicht zu zweifeln, wo sollte er mit den vielen abgeschlagenen Köpfen hin? Im Operntheater der Hauptstadt Palindromiens hatte neulich eine Mozart-Oper viel Staub aufgewirbelt, weil am Ende die abgeschlagenen Köpfe dreier Religionsstifter auf der Bühne präsentiert wurden. Natürlich richtete sich die Empörung der palindromischen Öffentlichkeit nicht gegen Mozart, dem diese Gräulichkeit fremd gewesen war; im Gegenteil, Mozart erfreute sich bei ihnen großer Beliebtheit, weil er neben seinen großen und weltweit bekannten Werken auch kleinere mit einer palindromischen Struktur komponiert hatte, die sich vorwärts wie rückwärts spielen ließen und dabei einmal wie das andere Mal gleich gut klangen.

Pal I., der schon zu seinen Lebzeiten „der Gutmütige" genannt wurde, gab Königin Palina weiter zu bedenken, dass unter den Rätseln, die Ababa zu lösen hätte, auch solche sein könnten, die voll und ganz der subjektiven Erlebniswelt des Bewerbers entsprangen, so dass sie nur zu erraten waren, wenn man den Betreffenden im Schlafe belauschte und ihn in diesem Zustand zum Sprechen brachte.

Palina erinnerte sich, dass der Königssohn im Märchen der Brüder Grimm der Königstochter das Rätsel aufgegeben hatte: „Was ist das: Einer schlug keinen und schlug doch zwölfe." Die Königstochter hatte das Rätsel nur lösen können, indem sie den jungen Herrn im Schlafe befragte und er ihr das Erlebnis freiwillig preisgab, aus dem er das Rätsel geschöpft hatte: „Einer schlug keinen – das ist ein Rabe, der von einem toten und vergifteten Pferde fraß und davon starb. Und schlug doch zwölfe – das sind zwölf Mörder, die den Raben verzehrten und daran starben."

Nein, von der Art sollte die Prüfung nicht sein, der sich die Freier in Palindromien unterziehen sollten.

Das Lösen von Rätseln als Voraussetzung für ein erfolgreiches Werben um eine schöne und kluge Königstochter war in der Literatur überhaupt nicht selten anzutreffen.

„Wie war das doch mit Turandot, der einzigen Tochter des Kaisers von China?", fragte der König seine Gemahlin. „Ging es da nicht auch um drei Rätsel?"

„O ja, mein Lieber," stimmte Palina ein und nutzte sogleich die Gelegenheit, ihre tiefe Verehrung für Friedrich von Schiller kund zu tun. „Im Falle von Turandot ist das Verhältnis von Rätsel-Lösen und Hochzeit-Machen genau umgekehrt wie bei den Brüdern Grimm. Während bei denen die Freier die Rätsel vorlegen müssen und sie enthauptet werden, wenn die Prinzessin das jeweilige Rätsel löst, ist es Turandot, welche selbst das Rätsel aufgibt. Löst der Bewerber drei Rätsel, so sollte er ihre Hand und mit derselben Krone und Reich empfangen; löst er sie nicht, war sein Haupt dem Schwerte verfallen."

„Entsetzlich!", stöhnte der König. „Und die Köpfe wurden, wenn ich mich recht erinnere, als Zierat symmetrisch auf dem Stadttor von Peking aufgepflanzt."

„Gewiss, die beste Art der Entsorgung war das nicht", entgegnete Palina, „aber immerhin sollten dadurch stets neue Bewerber davon abgehalten werden, ihr Leben aufs Spiel zu setzen."

„Trotzdem, das ist barbarisch, rasend, toll und unvernünftig", wandte ihr königlicher Gemahl ein. „Wo hat man je gehört, dass man den Leuten den Hals abschneidet, weil sie schwer begreifen? Und auch noch so viele Feiertage wie viele Köpfe? Nein, das ist nicht mein Fall."

„Nun ja", gab die Königin zu bedenken, „es widerstrebte der Prinzessin eben, mit einem Mann vermählt zu werden, der zwar – so war die Bedingung – ein Königssohn war, den sie aber nicht lieben konnte, weil er nicht einmal imstande war, einfache Rätsel zu lösen. Und die drei Rätsel, die sie dem Prinzen Kalaf aufgab, waren ja nachweislich so leicht, dass er sie im Handumdrehen löste. Erinnere Dich bitte: Der Baum, der den Menschen das Alter aller Dinge anzeigt, ist natürlich das Jahr, was denn sonst? Und der Kristall, dem an Wert kein Edelstein gleicht, der leuchtet, ohne zu brennen, der das ganze Weltall einsaugt und oft Schöneres von sich strahlt als was er empfängt, was kann das anderes sein als das Auge? Das Ding aber, das nur wenige schätzen, das aber des größten Kaisers Hand ziert, das Leben sanft und leicht macht, die größten Reiche gegründet und die ältesten Städte erbaut hat, und - merke auf ! – doch niemals Kriege entzündet hat, das ist natürlich der Pflug. Oder?"

„Du hast gut reden, meine Liebe. Ich muss gestehen, wenn ich nicht Dich, oh Königliche Lieblichkeit, früh zur Gemahlin erkoren und statt dessen im fernen China um Turandots Hand angehalten hätte, so würde mein Kopf neben vielen anderen das Stadttor von Peking zieren."

Du kannst sagen, was Du willst: Turandot war die Ausgeburt der Grausamkeit. Ich bin froh, dass unsere Ababa nicht auch solche Allüren zeigt."

„Grausam war sie nur gegen Männer, die um sie warben. Im Grunde aber war sie gütig gegen alle Welt. Sie wollte frei sein und sich nicht binden. Allein ihr Stolz war das einzige Laster, das sie schändete."

„Unsere Ababa ist ebenfalls eine stolze Königstochter. Zu Recht ist sie stolz auf ihre Eltern, auf das Königreich, das ihr einst gehören wird, auf die vielen Bewohner unseres Landes, die mit unermüdlichem Eifer dabei sind, sich zu palindromisieren, indem sie sich umkehren und sich mit ihrer Umkehrung durch Addition oder Subtraktion verbinden. Stolz muß kein Laster sein, das schändet. Ababa darf stolz sein, dem Stamme der Palindromier anzugehören. Das gibt ihr jedoch nicht das Recht, über Leben und Tod anderer – und seien es auch Königssöhne – zu befinden."

„Gut, wenn Du meinst", gab Palina klein bei. „Trotzdem sollten wir es künftigen Freiern nicht zu leicht machen, Ababa in den Hafen der Ehe zu führen. Man muss ihnen ja nicht gleich den Kopf abschlagen, wenn sie die Prüfung nicht bestehen; aber des Landes verweisen sollten wir sie auf jeden Fall, sonst verleitet ihr Frust sie womöglich zu irgendwelchen Böswilligkeiten, die sie in unserem geliebten Palindromien anstellen."

„So lass uns überlegen, welche anderen, weniger blutrünstige Arten es gibt, Ababas Freier zu prüfen, ob sie ihrer würdig sind", beschloss Pal I.

Königin Palina hatte auch für diesen Fall ein Angebot parat.

„Ich erinnere mich des Teufels Großmutter, die dem Teufel, während er schlief, drei goldene Haare nacheinander auszupfte und ihn damit jedesmal bewog, Antworten auf drei Fragen zu geben, die einem Glückskind, das sie als Ameise in ihrer Rockfalte verborgen hielt, aufgegeben waren und die nur allein der Teufel zu beantworten wusste. Und da Ababa als unsere Tochter natürlich ein Glückskind ist, hätte sie alle Chancen, die ihr aufgegebenen Fragen zu beantworten, und müsste sich dabei nicht einmal als Ameise in der Rockfalte von des Teufels Großmutters verbergen."

Doch auch diese Art des Lösens von Rätseln war nicht nach Pal Indroms frommen Geschmack.

„Mit dem Teufel ist nicht gut Kirschen essen", überlegte er. „Und wenn wir schon den Teufel bemühen, dann nur, wenn auch Gott in dem Rätsel vorkommt."

Er hatte gut reden, denn vor kurzem hatte ihm ein befreundeter Monarch das Rätsel aufgegeben:

„Was ist es?
Es ist größer als Gott. Es ist böser als der Teufel.
Die Armen haben es. Die Reichen brauchen es.
Und wenn Du es isst, stirbst Du."

Der König war stolz darauf, das Rätsel nach einigem Hin- und Her-Überlegen geknackt zu haben, indem er sich an der Frage festbiss: „Was ist größer als Gott?" Die einzige Antwort, die ihm darauf einfiel, war: „Nichts". Und sobald er das gefunden hatte, stand alles an seinem Platz: „Nichts ist größer als Gott. Nichts ist böser als der Teufel. Die Armen haben nichts. Die Reichen brauchen nichts. Und wenn Du nichts isst, stirbst Du."

„Doch warum müssen es immer Rätsel sein?", fragte er sich und seine Gemahlin. An langen Winterabenden, wenn es kalt und dunkel war in Palindromien, lösten sie beide gewöhnlich Kreuzworträtsel. Wie verzwickt sich manche auch zeigten, so gab Palina doch nie Ruhe, bis alle Felder richtig und stimmig ausgefüllt waren. Besonders bei Fragen nach Nebenflüssen ihr ohnehin schon unbekannter Flüsse war sie mitunter am Verzweifeln, doch die reiche Bibliothek des Königs half ihr immer wieder über alle Schwierigkeiten hinweg. Pal I. hingegen, der außer dem eigentlich Raten auch noch alles zu notieren hatte, war mit seinen Gedanken nicht immer voll bei der Sache, weil das Regieren ja seine ganze Aufmerksamkeit und Konzentration beanspruchte.

„Was gibt es in den Märchen noch alles an Prüfungen zu bestehen, die nicht auf das Lösen von Rätseln hinauslaufen und bei denen das Nichtgelingen nicht zur Tötung führt?", begehrte er von der Königin zu wissen.

„Da wäre zum Beispiel das tapfere Schneiderlein, das drei Heldentaten vollbringen musste, bevor es die einzige Tochter des Königs zur Gemahlin und das halbe Königreich zur Ehesteuer dazu bekam," erinnerte sie sich. „Es musste als erstes drei Riesen überwinden und töten, die im Lande hausten und mit Rauben und Morden, Sengen und Brennen großen Schaden stifteten. Als zweite Heldentat sollte es ein Einhorn einfangen, das den Wald verwüstete. Und die dritte Forderung war, ein Wildschwein einzufangen. Das kleine, schwächliche Schneiderlein löste alle drei Aufgaben mit List. Es ließ die Riesen sich gegenseitig verprügeln, so dass sie entkräftet ins Gras sanken und leicht zu töten waren. Das Einhorn ließ es sein Horn in einen Baum spießen und das Wildschwein in eine Kapelle rennen, in der es es sofort einsperrte. So wurde aus einem Schneider ein König."

„Auch hier wird getötet und werden Tiere des Waldes misshandelt," lehnte der König jedoch Palinas Angebot ab.

Dero Königliche Lieblichkeit überlegte ungewöhnlich lange, ging im Geiste noch einmal die ihr bekannten Grimmschen Märchen durch und fand, dass es gar nicht einfach sei, eines zu finden, in dem nicht irgendwelche hässlichen und verwerflichen Grausamkeiten geschahen. Schließlich hellte sich ihr Antlitz auf; sie glaubte gefunden zu haben, wonach der König suchte.

„Es war einmal eine Frau Füchsin," begann sie ihre Rede, „deren alter Herr Fuchs, welcher über neun Schwänze verfügt hatte, gestorben war. Weil die Frau Füchsin bald wieder heiraten wollte, bewarb sich ein junger Freier nach dem anderen bei ihr, doch sie wurden alle abgewiesen, weil keiner soviel schöne Zeiselschwänze aufzuweisen hatte, wie ihr verstorbener seliger Herr Gemahl."

„Ja, das gefällt mir schon eher," räumte der König ein. „Was mich dabei stört, sind nur die Schwänze. Woher soll denn einer neune davon nehmen?"

„Es geht nicht um die Schwänze," nahm sich Palina die Freiheit, ihren Gemahl zu korrigieren. „Was ich sagen will, ist, dass man die Freier auf irgendeine Eigenschaft hin beurteilen könnte. Die Schwänze sind doch nur ein Beispiel, wenn auch ein nicht uninteressantes. Es gibt übrigens noch eine andere Version dieses Märchens. In dieser sind es nicht Schwänze, welche die Freier auszeichnen mussten, sondern rote Höslein und ein spitzes Mäulchen. Alle, die sich um die Füchsin bewarben – Wolf, Hund, Hirsch, Hase, Bär, Löwe und nacheinander alle Waldtiere – wurden abgewiesen, denn es fehlte ihnen immer eine von diesen guten Eigenschaften."

Doch auch diese Lösung konnte Pal I. nicht befriedigen. „Niemand kann etwas dafür, wie er gebaut ist und wie der liebe Gott ihn erschaffen hat, ob mit neun Schwänzen oder mit einem spitzen Mäulchen. Viel wichtiger wäre, was ein Freier vermag, über welche Fähigkeiten er verfügt, ob er zum Beispiel in der Lage ist, durch seine Liebe unserer Ababa, welche klein und zierlich ist, anmutige Form und Figur zu verleihen, sie zu solcher Schönheit erstrahlen zu lassen, dass alle Welt sie preisen und loben wird."

„Wie sollt ein Freier das bewirken?", zögerte Palina.

Pal I. legte die Stirn in Falten; das tat er immer, wenn er ganz intensiv nachdachte. Als die Stirn sich wieder glättete, sprach er aus, was er erdacht hatte:

„Ein Freier sollte durch und durch ein Palindromier sein. Das würde ich als erstes und oberstes Gebot verfügen. Er müsste es also auf vorzügliche Art vermögen, sich umzukehren und sich durch Addition oder Subtraktion mit seiner Umkehrung zu verbinden. Und das müsste er mit allen Zahlen, die er dabei als Ergebnisse erhält, immer wiederholen."

„Das kann doch jeder hier in Palindromien," wandte die Königin ein. „Was ist daran Besonderes?"

„Er soll es ja nicht in erster Linie mit sich selbst tun können, sondern Ababa dazu bringen, sich umzukehren und zu ... ach sagen wir doch einfach: sich zu palindromisieren. Je nachdem, welche Abfolge von Additionen und Subtraktionen er vorschlägt, wird Ababa diese oder jene Gestalt annehmen. Wenn wir diese Abfolge den Modus, nämlich den Palindromisierungs-modus nennen wollen, so lautet die Forderung an den Freier, einen solchen Modus vorzuschlagen, der Ababa zu einzigartiger Schönheit und Eleganz verhilft."

„Das funktioniert aber nur," setzte sie als folgsame Frau Gemahlin seinen Gedankengang fort, „wenn er alle Ergebnisse von Umkehrung und Addition beziehungsweise Subtraktion, also die Ergebnisse jedes Palindromisierungsschrittes, in der Form farbiger Pixel zentriert untereinander anordnet, so dass ein flächiges buntes Pixelgemisch entsteht."

„Eben," griff Pal I. den Faden wieder auf. „So würde er Ababa, die ein eindimensionales Wesen ist, eine zweite Dimension verleihen, und wir könnten beurteilen, ob auf diese Weise ein Muster entsteht, dessen Reiz und Anmut unserer Ababa würdig wäre."

Und er fügte hinzu: „Wir könnten ihm ja erlauben, dabei nach seinem Belieben entweder vom Ergebnis jedes Palindromisierungsschrittes Gebrauch zu machen oder auch nur von dem jedes zweiten oder jedes vierten oder jedes n-ten Schrittes. Auch sollte er selbst wählen dürfen, in welchem Alter und in welcher Ausgangsgestalt er sie palindromisieren möchte. Sollte er Ababa dazu bewegen können, bei dieser Prozedur eine gefällige zweidimensionale Gestalt anzunehmen, so möge er in die engere Wahl kommen, aus der sodann durch Stichwahl der letztlich Glückliche ermittelt werden würde. Sollte einer von ihnen Ababa aber straucheln lassen und sie in ein wildes Durcheinander von farbigen Pixeln versetzen, so soll er im Vollbesitz seines Hauptes sogleich des Landes verwiesen werden."

Königin Palina nickte zustimmend und ging noch einen Schritt weiter: „Reiz und Anmut, Eleganz und Schönheit sind hoch zu lobende Eigenschaften. Kaum jemand vermag jedoch mit Bestimmtheit zu sagen, was Schönheit ist. Du, mein lieber Pal, weißt es natürlich, sonst hättest Du mich nicht zu Deiner Gemahlin erkoren.. Doch was für den einen schön ist, muss es nicht auch für den anderen sein. Was einer reizvoll findet, kann für den anderen grässlich sein. Schuster und Schneider haben eine Vorstellung von Eleganz, Mathematiker eine ganz andere. Wie sollen wir wissen und gerecht entscheiden können, ob ein Bewerber Ababa zu wünschenswerter Eleganz und Schönheit führt?"

Pal I. bestätigte seiner Gemahlin, dass sie nicht nur schön und anmutig sei, sondern auch klug, denn natürlich müsse man eine klare Vorstellung davon haben, welche Formen, Muster, Figuren für Ababa als annehmbar gelten sollen.

„Wozu haben wir an unserer Universität einen Lehrstuhl für Palindromik?", überlegte er. „Sollen die uns doch sagen, welche Vielfalt an Mustern möglich ist und welche davon wir den Freiern als Aufgabe stellen sollten."

Noch am selben Tage wurde ein Bote zur Universität gesandt und eine Sondersitzung des Senats anberaumt, auf der das Problem besprochen wurde. Bei seiner Rückkehr überbrachte der Bote neben den untertänigsten Verbeugungen der Herren Professoren deren Empfehlung, man möge den Freiern die Strukturtypen PER, SIM und SIER empfehlen.

Nun musste nur noch Ababa selbst zu diesem Vorhaben gehört werden. Die Freier seien ihr egal, sagte sie. „Nicht rote Höslein oder spitze Mäulchen erwarte ich, und vor neunschwänzigen Freiern möge man mich bitte verschonen. Den Tieren des Waldes wird von mir und meinen Entscheidungen keine Unbill widerfahren. Und was die Rätsel angeht, so würden sie durch Ihr weises Dekret, Herr Vater und Frau Mutter, zu der Erwartung gemildert, einen Modus vorzuweisen, der mir genehm ist und aus mir ein zweidimensionales Wesen mit holder Anmut macht. Wenn die Herren Professoren von der Universität meinen, die Strukturtypen PER, SIM und SIER seien bestens geeignet, eben dies zu leisten, dann soll es so sein. Doch eines wünsche ich mir: Jeder Freier möge mit einem artigen Sprüchlein vor mir knien und mir den Hof machen, wie einst die Minnesänger und Troubadure bei den Menschen ihre angebeteten Damen besangen."

So wurde es denn beschlossen und in ganz Palindromien verkündet:

„Wer um Prinzessin Ababas Hand anhält, muss des Minnesangs und der Liebeslyrik kundig sein und dies durch einen Poeten seiner Wahl trefflich bezeugen. Er muss zudem einen Modus vorweisen, der sie zu einem zweidimensionalen Wesen von erhabener Eleganz und Schönheit werden lässt. Aus der Schar derer, die dies vermögen, wird der eine und einzige ausgewählt werden, der mit ihr das Hochzeitsbett teilen und das Königreich Palindromien sein eigen nennen darf. Welchem Kriterium diese engere Wahl unterworfen sein wird, bleibt bis dahin königliches Geheimnis. Wer den Bedingungen nicht genügt, wird mit sofortiger Wirkung und für immer des Landes verwiesen werden."

Kaum war das Dekret erlassen, strömten von nah und fern die Freier heran, die sich um Ababas Gunst und Hand bewarben. Ein großes Gebäude wurde für sie errichtet, das mehrere Gigabit umfaßte, und in dem sich jeder auf seinen großen Auftritt vorbereiten konnte. In der geräumigen Königlichen Bibliothek wurde alles zur Ansicht und zum Gebrauch ausgelegt, was die Literaturgeschichte an alter und neuerer Liebeslyrik kennt.

Die Reihenfolge, in der die Freier auftreten würden, sollte durch das Los bestimmt werden. An jedem Tag sollte nur eine Vorstellung stattfinden.

Die Generalprobe

Auf dem großen, einem Amphitheater gleichenden, ovalen Platz vor dem Königlichen Palast herrschte reges handwerkliches Treiben. Tribünen wurden gebaut und die Königliche Loge bereitet. Längs des eigens für die Freier hergerichteten Gebäudes hatte man Bänke und Tische aufgestellt. Auf der der Königlichen Loge gegenüber liegenden Seite des weiten Platzes war eine riesige Bildleinwand errichtet worden, denn der Wettbewerb um Ababas Hand sollte in aller Öffentlichkeit stattfinden.

Die Zeremonie sah vor, dass jede Präsentation in zwei Teilen zu erfolgen hatte. Zunächst sollte jeder Freier, nachdem er aufgerufen war, vor die Prinzessin treten, um, ihr zu Ehren, wenn auch kein Preislied, so doch einige Strophen eines kunstvollen Gedichtes vorzutragen. Welchem Poeten und welcher Gedichtform er dabei den Vorzug gab, stand ihm frei. Je nach dem, wen oder was er rezitierte, würde die Prinzessin eine dazu passende und möglichst aus derselben Quelle stammende Erwiderung sprechen. Dieser letzte Punkt war zwischen den königlichen Herrschaften nicht unumstritten gewesen. Dem König wollte es nämlich nicht gefallen, dass die Prinzessin nicht das erste Wort haben und sogar auf eine Vorgabe eingehen sollte, die sie nötigte, ihr Gedächtnis in einer vielleicht unstatthaften Weise zu strapazieren.

„Und was ist, wenn sie auf einen ausgefallenen Poeten, den außer dem betreffenden Freier niemand kennt, nichts zu erwidern hat?", gab er der Königin zu bedenken. „Sie müsste vor Scham erröten, und auch wir müssten es, denn sie ist unsere Tochter; ihre hohe Herkunft muss untadelig sein."

Doch Palina hatte volles Vertrauen in die Prinzessin: „Eben weil sie unsere Tochter und von hoher Herkunft ist, vertraue ich auf ihre Souveränität. Sie hat an unserem Hofe eine überaus gediegene Bildung erhalten, und ihr besonderes Interesse galt schon von klein auf der klassischen und mittelalterlichen Literatur, insbesondere der deutschen und französischen. Keinem der Freier dürfte es gelingen, sie durch seinen Vortrag aus der Fassung zu bringen."

„Und wenn doch?"

„Nun, für diesen Fall habe ich vorgesorgt. Wir werden den Dekan der Literaturwissenschaft-lichen Fakultät als Mitglied in die Jury berufen und ihn an meiner Seite platzieren, damit er mir ins Ohr flüstert, wer oder was der eine oder andere Freier vorträgt. Ich gebe diese Information dann unbemerkt von der Öffentlichkeit an Ababa weiter, die ja unmittelbar vor unserer Loge steht."

„Also ein Trick?" Den König überzeugte diese Lösung sichtlich nicht.

„Wenn Gefahr im Verzuge ist, muss man gelegentlich auch tricksen, lieber Pal. Im übrigen dürfte es kaum Sängerwettbewerbe gegeben haben , bei denen nicht irgendwelche Intrigen gesponnen wurden, um den begehrten Preis zu erringen. Selbst der Sängerkrieg auf der Wartburg kam nicht ohne die schwarzen Magie mächtigen Zauberer Klingsor aus. Und stahl nicht gar der Beckmesser in den „Meistersingern" von Nürnberg" das Preislied des Walther von Stolzing, um es als sein eigenes auszugeben? Wir hingegen, Königliche Hoheit, betreiben weder schwarze Magie, noch stehlen wir etwas. Ich gebe nur an Ababa weiter, was mir der Herr Dekan ins Ohr flüstern wird."

Pal I. gab darauf hin seinen Widerstand auf.

Für den Ablauf des zweiten Teils der Präsentation war in der großen Ratsversammlung, die unter dem Vorsitz des Königs tagte, beschlossen worden, dass jedem Freier ein leistungsfähiger Laptop zugewiesen werde. Ein in der Nähe lebender Wolf, der auf den Namen Uwe hörte, hatte ein Programm ausgearbeitet, das es jedem gestattete, mit Ababa als Ausgangszahl einen Palindromisierungsprozeß – fortlaufende Umkehrung und Addition/Subtraktion – in Gang zu setzen, bei dem die Ergebnisse zentriert und in Farbe untereinander angeordnet werden.

Jeder Bewerber durfte drei Wünsche äußern: In welchem Alter die Prinzessin sich ihm zeigen sollte; mit welchem Modus er sie zu palindromisieren gedenkt, und die Zykluslänge, welche angibt, das wievielte Ergebnis jeweils angeschrieben werden soll. Hatte er diese der Jury vorgelegt, durfte er mit seinem Laptop an einem der Tische Platz nehmen. Die Bildleinwand übertrug dann für alle sichtbar, zu welcher Gestalt er der Prinzessin verhalf.

Die Jury bestand aus elf Experten, zumeist Professoren der Universität: Dem Dekan der Fakultät für Palindromik, Prof. Dr. *Reger*, und zwei weiteren Mitgliedern des Fakultätsrates, dem Dekan der Literaturwissenschaftlichen Fakultät, den seine Studenten nur den Leseesel nannten, dem Biologen Prof. Dr. *Salamander Fred Namalas*, zwei Physikern, Prof. Dr. *Radar* und *Dr. Reni Artunak*, der Chemikerin Frau Prof. Dr. Nire Kina Grona, einer in ihren Kreisen hoch geschätzten Anorganikerin, dem Mathematiker Prof. Dr. Ibn Sin Usunis, dem Philosophen Prof. Dr. *Sahnenhas* und der Kunsthistorikerin Fräulein Dr. *Lieseseil*.[1] Jeder Tag sollte im Zeichen eines bestimmten der von ihnen vorgeschlagenen Strukturtypen PER, SIM und SIER stehen.

Die Medien kündigten das bevorstehende Ereignis als den Wettstreit der „Meisterfreier von Palindromien" an. Photos von Ababa erschienen in allen Zeitungen und Zeitschriften des Landes. Sie zeigten die Prinzessin in allen ihren Altersstufen, von frühester Kindheit an über blühende Jugend bis in die reiferen Jahre, und zudem in jedem Lebensjahr b mit a und $(a - 1)$ an der ersten Stelle bei $a < b$, und $(b - a - 1)$ sowie $(b - a)$ an den beiden letzten Stellen.. Mutmaßungen wurden angestellt, welcher Freier welchen Strukturtyp wählen und den ersehnten Preis erringen würde. In der Hauptstadt schossen Wettbüros wie Pilze nach einem warmen Regen aus dem Boden. Das Freiergebäude war schon Tage vor Beginn des Wettstreits von Reportern umlagert, die danach strebten, ihren Redaktionen Photos und Interviews von diesem oder jenem der Bewerber zu beschaffen.

Auf der großen Bildleinwand gegenüber der Königlichen Loge und von jedem Platz auf dem weiten Oval gut einsehbar prangte drei Tage und drei Nächte vor der Eröffnung des Wettbewerbs neben einem Bildnis der Prinzessin das Lied aus den „Carmina burana":

> „Floret silva nobilis
> floribus et foliis.
> Ubi est antiquus
> meus amicus?
> Hinc equitavit,
> eia, quia me amabit?"

Für die des Lateinischen unkundigen Freier und Zuschauer waren auf kleinen Tischen Handzettel ausgelegt, auf denen der Text in den Sprachen der mit Palindromien befreundeten Staaten zu lesen war.[2]

---

[1] Die bei erster Nennung in Kursiv gesetzten und palindromisch strukturierten Namen sind dem „Pendelbuch für Rechts- und Linksleser" von Hansgeorg Stengel „Annasusanna" (München/Leipzig 1995) entnommen.

Königin Palina ließ sich eigens für das Fest eine neue Robe mit passendem Mantel schneidern. Das Kleid war in den Farben Blau und Gold gehalten, der Mantel in Weiß, abgesetzt mit dunklem Nerz. Der Königliche Kämmerer riet ihr außerdem zu einem leichten Hut, dessen breite Krempe das königliche Antlitz vor allzu starker Sonneneinstrahlung schützen sollte. Bei Regen sollte der Wettstreit ohnehin nicht stattfinden.

Drei Tage vor Beginn der Festivität hatte Pal I. eine öffentliche Generalprobe angesetzt. Deren Ziel war es zu prüfen, ob das Programm einwandfrei arbeitet und die Verbindung zwischen Laptop und Bildwand intakt ist. Der Dekan der Literaturwissenschaftlichen Fakultät erhielt die Order, einen Studenten zu benennen, der einen Freier simulieren sollte. Das Königspaar nahm an dieser Generalprobe allerdings nicht teil. Auch wurde auf allen äußeren Prunk verzichtet.

Als die Zeit heran war, schritt der von der Fakultät benannte Student namens Otto durch das Tor, das den Palast der Freier von dem Festplatz trennte, verneigte sich vor der leeren Königlichen Loge, wandte sich sodann der Prinzessin zu, kniete vor ihr nieder und deklamierte:

„Sagt, teure Dame, dünkt Euch gut,
Soll Eurethalb ein Freund verderben?
Ich mach, dass Ihr fortan nicht ruht,
Wenn ohne Hoffnung ich müsste sterben,
Verschmäht, an meiner Glut.
Bedenkt, was Ihr mir Armen tut,
Der stirbt, erhört Ihr nicht sein Werben."

Der Herr Dekan hatte sich wegen der Abwesenheit der Königin in unmittelbarer Nähe hinter der Prinzessin postiert und flüsterte ihr zu:

„Blondel de Nesle; französicher Troubadour; 12. Jahrhundert." Und er gab auch gleich noch das Stichwort für die Erwiderung: „Mein Glück lässt mich singen ...".

Ababa schaute dem Studenten freundlich in die Augen und antwortete mit einem anderen Lied des Trouvère aus der Pikardie:

„Mein Glück lässt mich singen:
Das Frühjahr begann.
Mein Herz will erklingen,
Recht ist, was es sann.
Nichts werd ich vollbringen,
Was nicht in ihm begann.
Des Werk wird gelingen,
Der Freude gewann.

Ergebene Liebe
Zur Freude gehört,
Die willige Gabe,
Dem Rechten beschert,
Und höfischer Geist,
Dem Edlen gewährt.
Nie irrt, wer diese
Drei Wege verehrt."

---

[2] Der deutsche Text lautete: „ Es grünt der Wald, der edle, mit Blüten und mit Blättern. Wo ist mein Vertrauter, mein Geselle? Er ist hinweg geritten! Eia, wer wird mich lieben?"

Der Juryvorsitzende gab das Zeichen, dass der erste Teil der Präsentation damit erfolgreich verlaufen sei und wies dem Studenten nun seinen Platz an dem mittleren Tisch vor dem Freiergebäude an

„„In welchem Alter wünschen Sie die Prinzessin zur Palindromisierung zu führen?", richtete er an ihn die Frage.

Im Grunde war die Frage überflüssig, denn der König hatte sich ausbedungen, dass Ababa auf der Generalprobe nicht im Alter unter zehn Jahren auftreten dürfe.

„Ich wäre glücklich, eine zehnjährige Prinzessin palindromisieren zu dürfen", kam denn auch prompt Ottos Antwort.

„Welchen Modus dürfen wir registrieren?", wollten die Herren der Jury als nächstes wissen. Wieder war für die Generalprobe verabredet, weder den rein additiven noch den rein subtraktiven Modus zuzulassen, sondern allein einen kombinierten.

„Der Modus m , von dem ich mein höchstes Glück erhoffe", haspelte Otto eine der vorgeschriebenen Formeln für die Vorstellung des Modus herunter, „sei m = $s_9a_5(a_3s_3)_7(56)$."

Diese Form der Benennung des Modus war von der Fakultät für Palindromik seit deren Bestehen als verbindlich erklärt worden. „s_9a_5" z. B. bedeutete, daß Ababa zunächst neun Umkehrungen und Subtraktionen, also neun subtraktive Palindromisierungsschritte, ausführen möge und danach fünf additive; sodann sollte sie gemäß $(a_3s_3)_7$ drei additive und drei subtraktive Schritte absolvieren, und das siebenmal hintereinander. Das waren insgesamt 56 Schritte, die am Ende des Modus in Klammern angegeben und die Moduslänge genannt wurden. Im Normalfall wurde dann das Ergebnis jedes 56-ten Schrittes auf der Bildwand angezeigt. Die Herren sprachen in diesem Falle davon, dass die Zykluslänge gleich der Moduslänge sei. Dem Freier war jedoch freigestellt, eine Zykluslänge zu wählen, die ein ganzzahliges Vielfaches der Moduslänge betrug oder auch nur die Hälfte oder ein Drittel usw. derselben.

„Welche Zykluslänge wünscht der junge Herr?", erging deshalb die dritte Frage.

Otto entschied sich für eine Zykluslänge, die gleich der Moduslänge ist.

Nachdem diese Modalitäten geklärt waren, begann die eigentliche Zeremonie. Der Bewerber gab die Daten – Ababas Alter, sie selbst, den Modus und die Zykluslänge – in seinen Laptop ein und ließ das von Uwe, dem Wolf, ausgearbeitete Programm laufen.

Die Prinzessin, die sich dieser Prozedur das erstemal unterzog, strauchelte während der ersten acht Zyklen ein wenig, so dass auf der Breitwand ein chaotisches Pixelgemenge erschien. Die für die Generalprobe zugelassenen Zuschauer, die sich vor Entsetzen von ihren Sitzen erhoben hatten, weil sie den sofortigen Abbruch der Veranstaltung fürchteten, nahmen jedoch bald wieder Platz, denn nun zeichnete sich vor ihren Augen ein einzigartiges Schauspiel ab.

Ababa entfaltete sich in zwei Dimensionen. Sie zeigte sich in Dreiecken, in kleineren und größeren, die zeitlich aufeinander folgten. Das Muster wuchs sich zu einem gigantischen Gemisch aus Dreiecken aus, in dem allerdings eine gewisse Symmetrie um die Mittelachse nicht zu übersehen war (Abb. 1). Nach vierhundert Zyklen, so hatte es der Wolf in seinem Programm vorgesehen, war die Vorstellung zu Ende.

Abb. 1

Die Herren der Jury zeigten zufriedene Gesichter, denn alles hatte wunderbar geklappt, und das Ergebnis brauchte heute ja nicht bewertet zu werden. Auch das Publikum war gebeten worden, von Beifalls- wie von Mißfallenskundgebungen abzusehen, denn heute wurde nur das Wie geprobt, das Was aber nicht erwogen.

Dem König wurde gemeldet, die Generalprobe sei ohne Zwischenfälle verlaufen und die Prinzessin habe sich ihrer hohen Herkunft würdig erwiesen. Ihr leichtes Straucheln zu Beginn der Präsentation wurde in dem Bericht nicht erwähnt, um die Königlichen Hoheiten nicht zu beunruhigen. Pal I. und Königin Palina durften dem Wettstreit der Meisterfreier von Palindromien in froher Erwartung entgegensehen. Die Prinzessin aber freute sich auf die vielen schönen Verse, die sie zu hören bekäme und auf die vielen neuen Muster, in die sie die Freier versetzen werden.

Auf dem Weg in die Herberge der Jurymitglieder beschlossen die Herren Professoren Salamander Fred Namalas, der Biologe, und Reni Artunak, der Physiker, im Casino „Zum durstigen Palindrom" noch ein Bier zu trinken. Es blieb nicht nur bei einem und auch nicht nur beim Bier. Die Herren waren stark im Trinken, doch als eine Stunde vergangen war - Prof. Artunaks Augen waren schon etwa glasig -, gestand er dem Kollegen, seit der Generalprobe heute morgen sähe er nur noch „Me – me – meniskusinsta – stabilitä – täten."
„Und ich – Rhi – rhi – zome", brachte Salamander heraus. Beide schauten sich in die irrlichternden Augen. Keiner verstand, wovon der andere sprach.

„Ach was, gehen wir nach Hause", sagten sie im Chor.

Die Eröffnung

Am Tag nach der Generalprobe erschien der „Palindrome-Spiegel", eine der führenden Zeitungen Palindromiens, mit der Schlagzeile „Ein Universum von Dreiecken – Generalprobe für die ‚Meisterfreier von Palindromien' erfolgreich". Die „Palindromische Rundschau" meldete: „Student als Versuchsobjekt – Die Freier schauten zu – Der König fehlte". Die „Palindromische Allgemeine" offenbarte ihren Lesern: „Prinzessin Ababa strauchelt bei Generalprobe – Ende gut, alles gut". Und die „Welt der Palindrome" verblüffte die Öffentlichkeit mit „Ababa und Otto – Unser neues Traumpaar?" In das gleiche Horn stieß „Palindrome im Bild" mit einem ganzseitigen Photo des Studenten und der Schlagzeile „Otto Superstar eröffnet die ‚Meisterfreier von Palindromien'."

Einzig das „Neue Palindromien" enthielt sich jeder enthusiastischen, wie auch bissigen Wertung. Es beschränkte sich auf die Mitteilung, dass jeder Freier zwei Chancen habe, die Gunst der Prinzessin zu erringen, eine literarische und eine technische bzw. eine verbale und eine praktische. Dabei würdigte das Blatt vor allem, dass die Teilnehmer am Wettstreit nicht befürchten müssen, wegen eventueller mangelnder Leistung Kopf und Kragen zu riskieren, sondern jeder von ihnen hoffen darf, den ersehnten Preis davonzutragen und später das gesamte Königreich noch dazu zu bekommen. Und zum Zeichen dessen, dass der Minnesang seit jeher und in allen Landen als ein hoch geschätztes Kulturgut gepflegt wurde, brachte die Zeitung auf ihrer Titelseite einen Auszug aus Heinrich Heines Gedicht „Die Minnesänger":

> „Zu dem Wettgesange schreiten
> Minnesänger jetzt herbei;
> Ei, das gibt ein seltsam Streiten,
> Ein gar seltsames Turnei!
> Phantasie, die schäumend wilde,
> Ist des Minnesängers Pferd,
> Und die Kunst dient ihm zum Schilde,
> Und das Wort, das ist sein Schwert.
>
> Und wem dort am besten dringet
> Liederblut aus Herzensgrund,
> Der ist Sieger, der erringet
> Bestes Lob aus schönstem Mund!"

Die Bewerber nutzten die beiden freien Tage bis zur offiziellen Eröffnung des Wettstreites, um ein weiteres Mal die „Grundlagen der Palindromik" zu repetieren, ein Werk des Dekans der Fakultät für Palindromik, Prof. Reger, das gerade rechtzeitig vor dem großen Ereignis erschienen und schon als Lehrbuch in der dritten Klasse der Grundschule eingeführt worden war. Jeder ging noch einmal jeden der Strukturtypen durch, die ihnen für die nächsten Wochen aufgegeben waren, denn jeder musste, wie ein Student in der Prüfung, auf das gesamte Pensum vorbereitet sein; er konnte ja nicht im vorhinein wissen, ob das Los ihn mit PER, SIM oder SIER treffen würde. Natürlich waren ihnen die Grundcharakteristika jedes Typs bekannt und geläufig: PER bedeutete „Periode" und beinhaltete eine identische und periodische Wiederholung einer oder mehrerer Sequenzen; SIM dagegen bestand nur aus einer similaren Wiederholung, bei der ein flächiges Muster sich nicht identisch und auch nicht periodisch wiederholte, sondern in wachsender Größe und in immer größer werdenden Zeitabschnitten; SIER schließlich war der interessanteste, wenn auch am schwierigsten zu erzeugende Strukturtyp, in ihm traf man sowohl identische als auch similare Wiederholungen flächiger Muster, meistens von Dreiecken, an.

Die Freier probierten auf ihren Zimmern die verschiedensten Modi im Hinblick auf ihre Strukturfreudigkeit; sie studierten, welche Sonderfälle in den einzelnen Strukturtypen angetroffen werden können und welche wohl die größte Aussicht hätten, im Wettstreit zu bestehen, so dass der, der sie erzeugt, sich der Hand der Prinzessin und der Gunst des Königspaares am nächsten wähnen durfte. Auch war ihnen der Zugang zur Königlichen Bibliothek erlaubt worden, die eine ziemlich komplette Sammlung deutscher und französischer mittelalterlicher und neuerer Literatur enthielt.

Endlich war der ersehnte Tag gekommen. In der Nacht zuvor waren starke Regengüsse auf die Hauptstadt Palindromiens niedergegangen. Im Lichte der aufgehenden Sonne sah man deshalb zahlreiche Putzkolonnen, die alle Bänke, Tische und Sitzreihen auf dem weiten Platz vor dem Königspalast sorgfältig zu trocknen hatten. Die überdachte Königsloge, die nur von den engsten Leibwachen Pal I. betreten werden durfte, war als erstes von den Schäden der regenreichen Nacht befreit worden.

Punkt zehn Uhr, zum festgesetzten Zeitpunkt der Eröffnung der „Meisterfreier von Palindromien", ertönen drei Fanfarenstöße. Sie signalisieren den Tausenden auf den Rängen, dass König Pal I. und Königin Palina in diesem Moment die Loge durch das eigens dafür vorgesehene Tor betreten. Jubel brandet den Regenten entgegen. Rufe ertönen: „Vive le Roi!", „Palina – We love you!", „Hoch die aufgeklärte Monarchie!". Das Royal Sinfonic Orchestra intoniert die palindromische Nationalhymne, welche bei Auftritten des Königspaares immer einmal vorwärts und dann noch einmal rückwärts gespielt wird.

Es beginnt der Einzug der Meisterfreier. Ihre Zahl ist schwer zu schätzen; es können ca. 30, aber auch mehr sein. Sie schwenken ihre Hüte und Barette über ihren Häuptern und nehmen an der Tischreihe Aufstellung. Noch weiß keiner von ihnen, wem das Los bestimmen wird, am heutigen Tag der Mittelpunkt der öffentlichen Aufmerksamkeit zu sein.

Die Prinzessin verharrt geduldig in ihrem Gemach. Denn erst, nachdem die Jury bekannt gegeben hat, welcher Strukturtyp heute zu absolvieren ist, und der durch das Los bestimmte Bewerber benannt ist, wird sie den Palast verlassen und in der Arena erscheinen.

Pal I. gibt nun mit erhobener Hand der Jury und dem gesamten Oval zu verstehen, dass man beginnen möge. Der Vorsitzende der Jury, Prof. Reger, erhebt sich und verkündet:

„Im Namen unseres erlauchten Königs Pal I. und seiner Gemahlin, Königin Palina, eröffne ich den Wettstreit der Meisterfreier von Palindromien. Wir begrüßen alle Freier, die zu den bekannten Bedingungen um die Hand der Prinzessin Ababa anhalten. Laut Beschluss der Jury steht der heutige Tag im Zeichen des Strukturtyps PER. Als ersten Kandidaten hat das Los den *Minister Etsinim* ermittelt. Er trete vor und begebe sich an Tisch Nr. 1 und den Laptop daselbst."

Der Herr Minister, der offensichtlich schon früh in Königlichen Diensten Karriere gemacht hatte, trat vor, verbeugte sich tief vor der Königlichen Loge, neigte das Haupt gegen die Mitglieder der Jury und schritt zu Tisch Nr. 1. Es ertönte ein Gong, der bis in die letzten Reihen des weiten Platzes den Zuschauern in die Ohren drang. Noch bevor er verklungen war, öffnete sich die Tür unterhalb der Königlichen Loge und die Prinzessin betrat die Bühne. Der Herr Minister schritt auf sie zu und kniete vor ihr nieder. „Mein schönes Fräulein", begann er seine Rede.

> „Mein schönes Fräulein, darf ich wagen,
> Meinen Arm und Geleit ihr anzutragen?"

Die Königin glaubte, ihren Ohren nicht trauen zu dürfen.

„Er will ihr seinen Arm antragen, Pal, hast Du das gehört? Was bildet sich dieser Staatsdiener ein? Statt um sie werben, um ihre Hand anzuhalten und ihre Tugenden zu preisen, trägt er sich ihr an!"

Auch Ababa schien überrascht von der kurzen und bündigen Werbung, wenn man sie überhaupt so nennen konnte.

„Hätte er wenigstens noch hinzugefügt", dachte sie im Stillen:

> ‚Beim Himmel, dieses Kind ist schön!
> So etwas hab' ich nie gesehn.
> Sie ist so sitt- und tugendreich,
> Und etwas schnippich doch zugleich ...'

Doch vielleicht hat er es wegen dieser einen letzten Zeile unterlassen."

So aber antwortete sie ebenso kurz und bündig, und eigentlich abweisend:

> „Bin weder Fräulein, weder schön,
> Kann ungeleitet nach Hause gehen."

Denn natürlich war ihr die Szene bekannt, in der Faust das erste Mal Gretchen begegnet.

Die Königin war entsetzt:

„Was redet sie da? Natürlich ist sie ein Fräulein, sogar eines aus dem Hochadel, und auf Schönheit kommt es überhaupt nicht an. Und haben wir sie schon jemals ohne Geleit, nicht begleitet von ihrer Leibgarde, spät nachts aus der Disco nach Hause kommen lassen? Pal, bitte, unternimm etwas!"

Doch Pal I. winkte ab:

„An dem Auftritt ist nichts auszusetzen, meine Liebe. Du weißt so gut wie ich, dass der Minister nur den auch bei uns in Palindromien hoch geschätzten Herrn Goethe zitiert hat. Ich finde das absolut in Ordnung, denn als Minister kann er sich nicht auf irgendeinen hergelaufenen Verseschmied berufen, der vielleicht im Hauptberuf noch Schuhmacher oder Schneider ist, sondern nur auf jemand, mit dem er sich auf gleicher Augenhöhe befindet, nämlich mit einem ihm ebenbürtigen Minister. Und wenn er den Faust bemüht, dann zeugt es von Ababas hohem Bildungsstand, dass sie ihm sogleich mit der Fortsetzung des Textes antwortet. Kommen wir also zum zweiten Teil der Präsentation."

Auf sein Zeichen hin verlas Prof. Reger die Formel:

„Herr Minister, in welchem Alter wünschen Sie Prinzessin Ababa zu palindromisieren?"

Etsinim erbat Ababa im Alter von zwölf Jahren.

„Für welchen Modus haben Sie sich entschieden?"

„Ich bin glücklich, mit dem Modus m = $a_1s_4(5)$ um die Hand der Prinzessin werben zu dürfen. Die Zykluslänge möge gleich der Moduslänge sein."

„Na endlich", atmete die Königin auf, „jetzt hat er sich wohl besonnen."

Der Juryvorsitzende gab alles zu Protokoll. Ababa aber verschwand in einer Kabine, die man am Rande der Bühne aufgestellt hatte. Nach wenigen Sekunden entstieg sie ihr wieder, diesmal als zwölfjährige Prinzessin und in einem schlichten Gewand (Abb. 2),

Abb. 2,

das der Sequenz 10(10)(11) entsprach.

Sie nahm vor dem Kandidaten Aufstellung. Er bat sie, sich umzukehren und sich mit ihrer Umkehrung durch Addition zu verbinden. Als das geschehen war, sollte sie das Ergebnis der ersten Übung wiederum umkehren und beide diesmal durch Subtraktion miteinander verbinden. Letztere Übung führte sie gemäß dem Modus viermal hintereinander aus. Auf dem Bildschirm des Laptops und zugleich auf der Bildleinwand gegenüber der Königlichen Loge erschien nun die Sequenz 7(11)(11)(11)4. Aller Augen richteten sich auf die große Leinwand und verfolgten gespannt, wie sich diese Sequenz unter 10(10)(11) anordnete.

Im nächsten Zyklus, der wiederum aus den fünf Schritten des vereinbarten Modus bestand, fügte sich die Sequenz 43(11)(11)78 unter den beiden ersten an. Als mit den nächsten drei Zyklen die Sequenzen 837(11)384, 4(11)(11)37008 und 47(11)000038 erschienen, gab es erste Unmutsbekundungen im Publikum. Ließ der Minister die Prinzessin etwa straucheln wie auf der Generalprobe der Student? Von einem Kandidaten, der sich ernsthaft um die Prinzessin bewirbt, konnte man wahrlich größere Meisterschaft erwarten, und von einem Minister zudem.

Doch plötzlich schlug die Stimmung um, denn als nächste Sequenz erschien 838 0000 374, dann 838 00000 374 und so weiter in schönster Regelmäßigkeit: Mit jeder neuen Sequenz fügte sich zu den in der Mitte bereits vorhandenen Nullen eine weitere an. Auf dem Bildschirm und der Leinwand stellte sich das so dar, dass sich eine dreieckige Fläche aufbaute, die nur aus schwarzen Nullen bestand und links von der dreistelligen Sequenz 838, rechts von der ebenfalls dreistelligen Sequenz 374 begrenzt wurde (Abb. 3).

Ein imposantes Bild, ohne Zweifel. Doch wie üblich, wenn die Neuinszenierung einer Oper über die Bühne geht, gab es neben lauten Bravo-Rufen auch kräftige Buh-Rufe. Diejenigen Zuschauer, die des Ministers Werk bejubelten, fanden es einzigartig und in höchstem Maße gelungen, wie ihr Kandidat die Prinzessin in lauter Nullen, in ein von einer dünnen Außenhaut begrenztes Nullkontinuum verwandelt hatte. Seine Kritiker hingegen fanden genau das geradezu ungeheuerlich: Wie konnte er es wagen, aus der Prinzessin ein Sammelsurium von Nullen zu machen?

Abb. 3

Dementsprechend geteilt waren die Reaktionen der Mitglieder der Jury. Die Abgesandten der Fakultät für Palindromik hielten sich mit ihrem Urteil zurück. Der Dekan befand, für ihn sei entscheidend, dass im Zentrum der Figur die Nullen sich in der Zeit identisch und periodisch wiederholen, denn das sei das Hauptkriterium des Strukturtyps PER, der heute ja vorgegeben war.

„Dieses nur aus Nullen bestehende Gebilde ist ein reines Nichts", bemängelte der Philosoph Prof. Sahnenhas. „Bei Heidegger heißt es: ‚Das Nichts nichtet'. Wer sich bisher darunter nichts vorstellen konnte, der kann sich hier davon überzeugen: Aus Nullen entsteht nichts anderes als nur Nullen. Entsetzlich!"

Auch die Kunsthistorikerin Fräulein Dr. Lieseseil zeigte keine Begeisterung für das Werk des Ministers. Es erinnerte sie zu sehr an Schöpfungen einiger zeitgenössischer Künstler, die nur aus einfarbigen geometrischen Figuren bestanden und Titel trugen wie „Schwarzes Viereck bei Nacht", „Weißer Kreis auf weißem Grund" oder so ähnlich.

Anders die Naturwissenschaftler in der Jury.

„Was wir hier sehen, ist das Modell eines reinen Vakuums", befand Prof. Reni Artunak, einer der beiden Physiker, der in seiner Freizeit als *Kanutrainer* tätig war. Prof. Radar, der andere Physiker, wie auch der Mathematiker, Prof. Dr. Ibn Sin Usunis, wiesen allerdings darauf hin, dass ein Vakuum, bestehend aus lauter Nullen, eben doch kein echtes Vakuum sei, denn die Null als solche sei kein Nichts, wie schon der große Leibniz betont hatte, als er meinte, die Welt aus der Null und der Eins entstehen lassen zu können.

Prof. Salamander Fred Namalas, der Biologe, war sich unschlüssig: „Einerseits eine hübsche Veranschaulichung dessen, wie Organismen, die keinen durch eine Membran abgegrenzten Zellkern besitzen, also Prokaryonten, wie wir Biologen solche nennen, aufgebaut sein könnten", überlegte er. „Andererseits ist das Zellinnere von Prokaryonten nicht gänzlich leer, sondern enthält in der Regel zumindest ein einziges Chromosom, ein DNS-haltiges Nukleotid."

„Insgesamt", so das abschließende Urteil der Jury, „hat der Kandidat die Prüfung bestanden. Er hat seine Huldigung auf einem hohen literarischen Niveau dargebracht. Und er hat die Prinzessin zu einer Figur vom Typ PER palindromisiert. Über den Wert dieser Figur für Kunst und Wissenschaft gibt es geteilte Meinungen, doch Ihrer Hoheit, König Pal I., wird empfohlen, Minister Etsinim in den Kreis der für die engere Wahl vorgesehenen Freier aufzunehmen."

Der König gab durch ein Kopfnicken und den erhobenen Daumen der rechten Hand zu verstehen, dass er die Entscheidung der Jury akzeptiert, und auch Königin Palina zeigte sich letztendlich zufrieden.

Niemand indes interessierte sich dafür, wie Prinzessin Ababa selbst es empfunden hatte, in lauter Nullen aufzugehen, selbst wenn diese durch eine dreistellige Zellwand von der Außenwelt abgeschirmt waren.

Am nächsten Tag erschienen die hauptstädtischen Zeitungen mit Schlagzeilen von „Der erste Kandidat – Das erste Wunder : Ein Nullkontinuum!" über „Geschafft – Hoffnungsvoller Auftakt der ‚Meisterfreier von Palindromien'" und „Etsinim und die Nullen – Minister erzeugt nur Nichts!" bis zur Boulevard-Presse, die mit einer groß aufgemachten Titelseite „Prinzessin Ababa – Weder Fräulein, weder schön?" aufwartete.

Prominenz

In Palindromien geht es nicht anders zu als anderwärts: Am Anfang kommt die Prominenz. Hatte Minister Etsinim den Reigen der Bewerber eröffnen dürfen, so war es nach dem Ruhetag gar der Kanzler seiner Majestät, der auf die Bühne gebeten wurde.

„*Kanzler Elznak*", rief ihn im Angesicht des Königs der Juryvorsitzende auf, „begeben Sie sich bitte an Tisch Nr. 2 und bringen Sie Ihre Verehrung für die Prinzessin mit Worten Ihres Lieblingspoeten zum Ausdruck."

Der Herr Kanzler tat, wie ihm geheißen. Er trat vor, erwies dem Königspaar und der Prinzessin seine Reverenz und deklamierte:

> „Hold-milde Dame schön,
> So lieblich anzusehn!
> Ach, wie verließ
> Ich selbst das Paradies,
> In Ihrem Dienst zu stehn,
> Könnt in Erfüllung gehen
> Mein Sehnen und verhieß
> Ihr Blick, dass, die ich pries,
> In Lieb wollt zu mir stehn!"

Palina war entzückt. Mit Wohlgefallen lieh sie dem Dekan der Literaturwissenschaftlichen Fakultät ihr Ohr, der ihr flüsternd die Auskunft gab, daß es sich eigentlich um ein Kreuzfahrerlied handele. Dessen Autor, ein gewisser Conon de Béthune, entstamme dem französischen Hochadel, habe im 12./13. Jahrhundert christlicher Zählung gelebt und sei als Ritter und Troubadur gleichermaßen zu Ruhm und Ehren gekommen. Während des dritten Kreuzzuges 1189/90, an dem er mit Gottvertrauen teilgenommen habe, hätte er die bittere Trennung von seiner zurückgelassenen Geliebten durch Verse zu übertönen getrachtet.

Ababa, der diese Information ebenfalls zuteil wurde, zuckte bei „Kreuzfahrer", „Ritter und Troubadur" zusammen. Während der Kreuzzüge soll es ja solche und solche Minne gegeben haben. Wenn der Kanzler sich heute als Kreuzritter gefällt, so will sie ihm, der ohnehin nicht ihre Sympathie genießt, schon die rechte Antwort geben. So sprach sie als Dame aus einem anderen Lied Béthunes:

> „Im Ernst erwog ich es zu keiner Zeit.
> Dass einer Dame Liebe wert Ihr seid
> Glaub nimmer ich; Ihr herzt im Schlafgemach
> Viel lieber Knaben voller Zärtlichkeit."

Palina hielt den Atem an. War das ihre Ababa? Was wusste sie von dem Kanzler? Was wusste sie überhaupt von der verbotenen Liebe? Wie wird der Herr Kanzler, wie wird das Publikum reagieren?

Doch ein Aufruhr fand nicht statt. Von den Rängen kam ein leises Raunen. Der Herr Kanzler beantragte bei der Jury, dass dieser Teil seiner Präsentation hiermit als gelungen zu bewerten sei, da die Prinzessin ihn ja einer Antwort für wert befunden hat. Prof. Reger und die

Mitglieder der Jury wollten sich diesem Argument nicht verschließen. Der Kanzler solle zum zweiten Teil der Prüfung übergehen, war ihr Beschluss:

„Ihre Aufgabe, Herr Kandidat, lautet nunmehr, die Prinzessin im Rahmen des Strukturtyps SIM zu einer anmutigen Similarität zu führen."

Der Herr hatte nichts anderes erwartet. Er war einer der Berater des Königs, hatte in dieser Eigenschaft an allen Sitzungen zur Vorbereitung des Wettstreits beim König teilgenommen und wusste bereits, dass nach dem Strukturtyp PER der Typ SIM gefragt werden würde. Er machte sich diesen Rangvorteil zunutze und beantwortete die Fragen nach Ababas Alter, dem Modus und der Zykluslänge ohne Hast und Eile: Er schätze sich glücklich, wenn die Prinzessin ihm im Alter von vierzehn Jahren erscheinen könnte, dann wünsche er sich den Modus $m = (a_1s_2)_2(a_1s_1)_9a_6s_5a_4s_9(48)$ und eine Zykluslänge, die gleich der doppelten Moduslänge ist.

Sobald ihm das gewährt war und Ababa als nunmehr vierzehnjährige Prinzessin der Kabine entstiegen war, ließ er sie in den ersten Zyklus starten. Wegen der doppelten Moduslänge, um die er ersucht hatte, dauerte es eine ganze Weile, bis sie die ersten 96 Schritte ausgeführt hatte. Noch war nicht zu erkennen, welche Struktur sich herausbilden würde. Dann schien es, als ob ein Dreieck entstehen wollte, das aber schon bald von einem zweiten, etwas größeren, abgelöst wurde.

Kanzler Elznak ließ sich Zeit mit der Bildung der Struktur. Es würde einige Stunden dauern, bis er sie vollendet haben wird; doch er hatte ja den ganzen Tag zu seiner Verfügung. Allmählich entstand ein Dreieck nach dem anderen. Deutlich konnte man ihrer drei erkennen, ein viertes nur noch zur Hälfte, weil die Zyklusgrenze von 400 erreicht war. Im Zentrum der Figur stand ein Dreieck, gefüllt mit Ziffern (13), also mit (b – 1), mit der Spitze auf der Grundlinie des folgenden, größeren, dieses wiederum auf dem nächstgrößeren und so fort. Links von den zentralen Dreiecken befanden sich andere, die je ein lokales Nullkontinuum umschlossen, rechts das analoge Bild als (b – 1) – Kontinua. Die Randdreiecke wurden ebenso wie die zentralen nach einem bestimmten Skalierungsfaktor größer. Es handelte sich somit um aufeinander folgende ähnliche Dreiecke, die in allen drei Winkeln übereinstimmten, eben um similare Dreiecke. Und deshalb hatte der Kanzler die Aufgabe, Ababa zu einer Figur vom Typ SIM zu palindromisieren, zur Zufriedenheit aller erfüllt (Abb. 4).

Der König, die Königin, die Jury und das Publikum zeigten sich begeistert. Selbst die Prinzessin gefiel sich in den immerhin strengen Formen der Dreiecke. Vielleicht war es auch nur die Ausgestaltung der Dreiecksseiten, die dem Bild ihre Sympathien sicherten.

Abb. 4

Es bedarf keiner besonderen Worte, daß der Kanzler in den Kreis der Meisterfreier aufgenommen wurde. Doch für die Presse war er seit diesem Tage der „Dreieckskanzler"

*

Auch der dritte Bewerber gehörte zur Prominenz in Palindromien. Es war der schon etwas betagte Herr *Kaplan Alpak*, der orthodoxe Königliche Hofgeistliche, den man in seiner weißen Soutane gewöhnlich nur in der Königlichen Hofkapelle sah, der sich aber als einer der ersten zur Teilnahme an dem Wettstreit gemeldet hatte und jetzt aufgerufen wurde, seinen Platz am Tisch Nr. 3 einzunehmen.

Zu seinem Auftritt hatten sich besonders viele Zuschauer eingefunden, denn am Vortage war in den „Palindromischen Nachrichten" zu lesen gewesen, der Herr Kaplan habe einst in jungen Jahren ein Gelübde der Ehelosigkeit abgelegt, das er bis heute auch gehalten hat. Nun aber sei er von den Reizen der Prinzessin so überwältigt, dass er um des lieben Friedens seiner Seele willen sich entschlossen habe, an dem Wettstreit um Ababa teilzunehmen.

Für den verbalen Teil der Präsentation griff er auf das Hohelied Salomos zurück:

„Siehe, meine Freundin, du bist schön; schön bist du, deine Augen sind wie Taubenaugen.
Wie schön ist deine Liebe, meine Schwester, liebe Braut!

Deine Liebe ist lieblicher denn Wein, und der Geruch deiner Salben übertrifft alle Würze.
Stehe auf, meine Freundin, und komm, meine Schöne, komm her!"

Palina konnte den Text diesmal auch ohne den Dekan verorten, wunderte sich jedoch über die letzte Zeile, die der geistliche Freier da ausgesucht hatte:

„Was redet er bloß für Zeug? Sie soll aufstehen und zu ihm kommen? Dabei ist er es doch, der vor ihr auf den Knien liegt. Und wenn schon einer zum andern kommen soll, dann nicht unsere Ababa zu ihm, sondern er zu ihr!"

Auch die Prinzessin erkannte den Text. Sie hatte das Hohelied viele Male gelesen und jedesmal Neues in ihm entdeckt. Sie ging im Geiste rasch die acht Kapitel durch, um eine passende Antwort zu finden, und ihre Wahl fiel auf die Stelle:

„Mein Freund ist mein, und nach mir steht sein Verlangen."

Und noch einmal:

„Mein Freund ist mein, und ich bin sein, der unter den Rosen geht."

Und schalkhaft griff sie das Wort vom Weine auf, das er gebraucht hatte, und schloss, mit den Augen zwinkernd:

„Er führt mich in den Weinkeller, und die Liebe ist sein Panier über mir."

„Brav, brav", kommentierte der König die Szene und gab das Zeichen zur Fortsetzung der Präsentation.

Heute war noch einmal der Strukturtyp SIM angesagt. Dem Kaplan war das nur recht; er nahm es gleichsam als eine Fügung des Himmels, da ansetzen zu können, wo der Kanzler vor ihm geendet hatte. Similare Dreiecke zu erzeugen war eine leichte Übung; sie entsprach dem Niveau eines Politikers. Er als Seelsorger aber müsse, so sagte er sich, mit seinem Werk nicht nur das Gute und Schöne, nämlich die Prinzessin und das ganze Königreich, anstreben, sondern auch das Böse in der Welt attackieren. Weil das Böse aber ein abstrakter Begriff ist, muss man es in eine konkrete Gestalt umsetzen, in ein Symbol des Bösen, das jedem einsichtig ist. Was aber konnte das anderes sein als ein Drache? Das siebenköpfige Untier in der Offenbarung des Johannes, dessen Zahl das Palindrom 666 ist, erhielt es seine Kraft und seine Macht etwa nicht von einem Drachen?

Was lag für den Kaplan also näher als anstatt profane Dreiecke zu präsentieren, das Böse in Gestalt von Drachenvierecken zu brandmarken. Daß die Prinzessin ihm hierfür als Medium dienen sollte, beflügelte sein Verlangen nach ihr ungemein und ließ sein Werben um so intensiver werden.

„Gott sei mit Dir, mein Kind", sprach er sie an, als sie seinem Wunsche gemäß im Alter von 27 Jahren und in der Gestalt 10(25)(26) vor ihn trat. „Ich widme Dir den Modus m = $(a_1s_2)_2(s_2a_1)_2(a_1s_1)_2s_1(17)$ und bitte Dich, eine Zykluslänge einzuhalten, die gleich der Moduslänge ist."

Auf ein Zeichen des Juryvorsitzenden hin setzte Ababa sich in Bewegung. Auf der Bildleinwand entstand tatsächlich ein Drachenviereck, noch dazu ein schwarzes, dann ein weiteres, und immer noch eines drängte auf das Bild, fand aber dort keinen Platz mehr (Abb.5).

Abb. 5

Aus dem Publikum war hier und da vereinzelter Applaus zu vernehmen. Er galt der weisen Voraussicht des Kaplans, der Ababas Alter, den Modus und die Zykluslänge so gewählt hatte, dass in der Tat similare Drachenvierecke erschienen, aber auch der Kunst und der Sicherheit, mit der die Prinzessin seine geistlichen Visionen in reale Bilder umsetzte. Die Mehrheit des Publikums verharrte jedoch in Schweigen; man war sich einfach unschlüssig, ob man die Demonstration des Bösen auch noch beklatschen sollte.

Da ereignete sich ein Zwischenfall. Am Tisch Nr. 1 erhob sich Minister Etsinim, der auch für den Schutz und die Sicherheit des Königshauses zuständig war.

„Herr Vorsitzender," wandte er sich an Prof. Reger, „wollen Sie bitte zur Kenntnis nehmen, dass in dieser Konstruktion etwas sehr Wesentliches fehlt, nämlich die Achse, die von oben nach unten mittig durch alle offenen Spitzen der Vierecke geht. Diese Achse des Bösen ist im Bild des Herrn Kaplan nur eine gedachte Linie, aber sie existiert ja, wie wir alle wissen, überaus real. Wie der palindromische Busch-Funk gestern gemeldet hat, werden in meinem Ministerium konkrete Pläne ausgearbeitet, um der Bedrohung durch diese Achse entgegen zu wirken. Ich denke, ich brauche hier keine Namen zu nennen, gegen welche Länder diese Maßnahmen gerichtet sind. Unsere Führungsrolle in der Welt aber gebietet es uns, überall präsent zu sein, wo das Böse sein siebenköpfiges Haupt erheben könnte. Ich beantrage deshalb, den Herrn Kaplan wegen mangelnder politischer Durchsicht nicht in den Kreis der Meisterfreier aufzunehmen."

Die Vorstellung wurde darauf hin für eine Stunde unterbrochen, in der sich die Jury zu einer Beratung zurückzog. Die Mehrheit der Jurymitglieder sprach sich dafür aus, die Leistung des Kaplans anzuerkennen, der immerhin der Öffentlichkeit demonstriert hatte, dass der Strukturtyp SIM sich mitnichten auf similare Dreiecke beschränken muss, sondern auch Vierecke enthalten kann. Dass es sich im heutigen Fall um Drachenvierecke und noch dazu um schwarze handelt, war der geistlichen Orientierung des Bewerbers zuzusprechen und sollte nicht politisch missgedeutet werden. Die Berufung auf den Busch-Funk aber sei ganz und gar unzulässig, denn dieser habe schon wiederholt Anschuldigungen an andere Länder erhoben, die sich im Nachhinein als haltlos erwiesen haben, dem Lande Palindromien indes teuer zu stehen gekommen sind.

Eine interne Anfrage beim König hatte außerdem ergeben, dass dieser es weder mit seinem Minister noch mit seinem Kaplan verderben und sich deshalb in dieser Streitfrage nicht festlegen wollte. Darauf hin sah die Jury einmütig keinen Grund, dem Herrn Kaplan den Aufstieg in den Kreis der Meisterfreier zu verwehren.

*

Der Auftritt des Kaplans und die Intervention des Ministers hatten am nächsten Tag ein Nachspiel. Der „Palindrome-Kurier" überraschte seine Leser nämlich mit einer Karikatur. Sie zeigte den Herrn Minister, der in seiner Hand ein Mikrophon des Busch-Funks hielt, dessen Kopf dem des Begründers dieser Sendeanstalt sehr ähnlich sah. Er verteufelte die Achse des Bösen und zugleich den Herrn Kaplan dafür, daß dieser sie nicht klar benannt habe. Neben ihm, auf einem Tisch ausgebreitet, lagen mehrere Papierrollen, auf denen mit dicken Pfeilen aufgezeichnet war, in welcher Reihenfolge das Böse in der Welt ausgerottet werden sollte. Der Autor der Karikatur war der in Palindromien akkreditierte bekannte *Karikaturist Sirutak (Irak)*.

In den Amtstuben des Ministeriums schlugen die Wellen der Empörung hoch. Man verlangte eine Entschuldigung der für Sirutak zuständigen Regierung oder zumindest die sofortige Abberufung des Delinquenten. Die Redaktion des „Palindrome-Kuriers" berief sich indes auf die Rede-, Presse- und Meinungsfreiheit als ein unveräußerliches Grundrecht auch in Palindromien und unterstellte dem Minister, er wolle aus dem Königreich Palindromien einen totalitär regierten Polizeistaat machen.

Der Streit eskalierte und drohte, außer Kontrolle zu geraten, da schaltete sich der zu dem Wettstreit als Beobachter geladene *UNO-Vertreter Trevonu* ein und rief die Parteien zur Besonnenheit auf. Die Würde des Wettstreits um die schöne und einzige Königstochter dürfe nicht durch politisches Gezänk entweiht werden, war sein Rat an den König, der denn auch ein sofortiges Ende der Zwietracht zwischen Politik und Kirche verfügte.

Durch die kriegerischen Töne, die sich in den musischen Wettstreit gemischt hatten, aufmerksam geworden, beantragte ein aus dem Ausland, aus einem der NATO angehörenden

Land, eingereister Offizier, außer der Reihe zum Wettstreit zugelassen zu werden. Er war den Behörden schon wiederholt durch martialisches Auftreten bei verschiedenen Gelegenheiten aufgefallen. Seine ganze Verehrung galt dem germanischen Gott Wotan, dem Urheber der Kriegskunst. In Palindromien nannte man ihn deswegen den *NATO-Wotan*.

Um nicht noch weitere diplomatische Verwicklungen herauf zu beschwören, gab die Jury nach Rückfrage beim König dem Drängen des Offiziers nach und berief ihn zu Tisch und Laptop. Das Los hatte für diesen Tag den Strukturtyp PER ermittelt.

NATO-Wotan betrat die Bühne mit militärischem Gruß.

„Alter bitte 29, Modus m = $s_8a_1s_1a_8s_9a_8s_1(36)$, $Z_1 = m_1$!", meldete er der Jury.

„Gemach, gemach", ermahnte ihn Prof. Reger. „Zunächst die literarische Prüfung. Stehen Sie bequem, blicken Sie die Prinzessin an und sagen Sie ihr, was Ihnen am Herzen liegt."

NATO-Wotan entspannte sich und sagte auf, was er gelernt hatte:

> „Ich sah die Friedensgöttin niedersteigen,
> Sie streute Blumen aus und Ährengold,
> Dem Donnergott des Krieges gebot sie Schweigen.
> Still wurde es – er hatte ausgegrollt.
> Sie sprach: ,Franzosen, Russen, Deutsche, Briten!
> Gleich tapfer kämpfte jeder für sein Land!
> Schließt einen Bund, den Frieden nun zu hüten!
> Reicht, Völker, euch die Hand!'"

Die Mitglieder der Jury schauten betreten drein und schwiegen vielsagend. Fräulein Dr. Lieseseil, die Kunsthistorikerin, fand als erste die Sprache wieder:

„Gewiss, verehrte Frau Professor und meine Herren Kollegen", erläuterte sie und zwar so, dass auch die Prinzessin es hören konnte, „gewiss, es handelt sich um gute Literatur, wenn auch um etwas aufmüpfige, um nicht zu sagen revolutionäre. Das ist Pierre-Jean de Bérangere, dessen politisch-satirische Lieder im 19. Jahrhundert christlicher Zählung ganz Europa kannte, und dem ein gewisser Karl Marx bescheinigte, er habe die Allianz der Völker prophetisch besungen. Was uns der Herr Offizier soeben dargeboten hat, ist die erste Strophe eines Chansons, das anlässlich der Räumung Frankreichs durch die alliierten Truppen im Oktober 1818 freudig vom Volk gesungen wurde. ,Der Heilige Bund der Völker' hatte Bérangere das Lied genannt und wollte es der ,Heiligen Allianz der Herrscher' entgegengestellt sehen."

„Sehr löblich", meldete sich Prof. Sahnenhas, „doch als Liebeswerbung wohl eher ungeeignet."

Die Mehrheit der Jurymitglieder stimmte ihm zu, und nach einer kurzen Beratung forderte der Vorsitzende den Offizier zu einer Zugabe auf, die man als Werbung um die Prinzessin werten könne.

NATO-Wotan nahm erneut Haltung an und wandte sich zu Ababa:

> „Kein Adelsfräulein, keine große Dame
> Bezaubert mich durch Charme und Schicklichkeit
> Mehr als dein junges Herz, dies wundersame,
> Dein Auge, deiner Züge Vornehmheit! –
> Das Volk, das mir im Kampf die Feder stählt
> - schon zwei Regime spürten meine Hiebe -,
> Hat dich als Muse mir zum Lohn erwählt.
> Ich zähl zum Volk, gleich allen, die ich liebe."

Das war schon besser, wenngleich der Herr offensichtlich nicht davon loskam, in kriegerischen Kategorien zu denken.

„Lieb war der König, oh – la – la!", verkündete da Fräulein Lieseseil den verdutzten Jurymitgliedern. Auch in der Königlichen Loge hatte man ihre Worte vernommen.

„Wie meint sie das?", drehte sich die Königin zu ihrem Gemahl um. „Meint sie etwa Dich? Woher will die Person wissen, wie lieb Du bist?"

Sofort bat sie Fräulein Lieseseil um eine Erklärung.

„Ach, das ist nichts anderes als ein Refrain aus Bérangeres Lied von dem guten und lebenslustigen König von Yvetot. Ich bin mir nicht sicher, ob eine Parallele zu unserem erlauchten Herrscher angebracht ist."

Die Szene drohte sich zu einem Disput über die Herrscherqualitäten Pals I. auszuweiten. Die Prinzessin trug ihren Anteil dazu bei, indem sie den Refrain aufgriff und – zu ihrem königlichen Herrn Vater gewandt – ihrerseits rezitierte:

> „Zu Mädchen war er sehr charmant,
> Wie Könige das können.
> So gab es Grund genug im Land,
> Um Vater ihn zu nennen.
> Sein Heer berief er höchstens ein
> Zum Scheibenschießen – hinterdrein
> Zum Wein!
> Kein Nachbarland verheerte er
> Aus Machtgier. Statt Vernichtung –
> Ein Musterfürst! – erklärte er
> Vergnügen zur Verpflichtung.
> Lieb war der König, oh – la – la!"

Das alles hatte kaum noch den Charakter eines Wettstreites um die Gunst der Prinzessin. NATO-Wotan stand hilflos vor Tisch und Laptop und kam sich recht verloren vor. Er atmete erst auf, als der Juryvorsitzende bekannt gab, er habe die drei Wünsche des Kandidaten – Alter der Prinzessin, Modus und Zykluslänge - protokolliert und bitte nun um Fortsetzung der Präsentation.

NATO-Wotan ging strammen Schrittes auf die Prinzessin zu. Er maß sie mit abschätzendem Blick, salutierte und befahl:

„Umdrehen, subtrahieren – das Ganze achtmal; umdrehen, addieren; umdrehen subtrahieren" usw., bis der Modus einmal abgearbeitet war.

Ohne sich zu beunruhigen, nahm das Publikum eine eher chaotisch anmutende Pixelfolge zur Kenntnis. Man kannte das ja von der Generalprobe her, auch vom Auftritt des Herrn Minister: Am Anfang herrscht noch ein wenig Chaos, aber dann fügt sich alles zu Ordnung und Struktur.

Doch diesmal kam es anders. Was da entstand, war weder periodisch noch similar. Es überschritt die Toleranzzeit, in der Chaos noch in Ordnung hätte übergehen können und war schon sichtbar groß, als es plötzlich und unerwartet von einer ganz anders gearteten Struktur abgelöst wurde. In ihr waren durchaus periodische Elemente erkennbar, zum Beispiel ein senkrechter Mittelstreifen. Ein Aufatmen ging durch das Publikum. In der vordersten Reihe ertönte jedoch ein Aufschrei: Waagerechte Balken erschienen, die den periodisch verlaufenden Mittelstreifen überdeckten und nach denen sich das ganze Bild in ein einziges Chaos auflöste (Abb. 6).

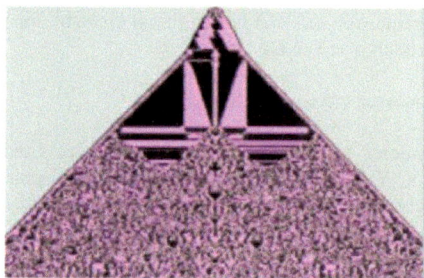

Abb. 6

Das Entsetzen breitete sich im Nu über die Ränge bis in die hintersten Reihen aus. Pal I. und Königin Palina waren aufgesprungen und geboten dem Treiben um Ababas willen Einhalt. Die Prinzessin sank indes wie leblos zu Boden.

NATO-Wotan vollführte eine Kehrtwendung zur Jury hin und meldete den Vollzug der Aktion: „Mission accomplished!"

Die Jury war jedoch anderer Meinung. Was der Herr Offizier da geboten hatte, war nur der Anflug einer periodischen Struktur. Ababa aber war im Chaos versunken. Es bedurfte keiner gesonderten Beratung, um zu dem einhelligen Beschluss zu kommen, dass der Bewerber die Prüfung nicht bestanden hat.

Pal I. setzte ihm eine Frist von 24 Stunden, innerhalb der er das Land verlassen haben musste. Seither ist Palindromien NATO-frei, und alle seine Bewohner lieben ihre Prinzessin, die dies bewirkt hat, um so mehr.

*

Die Prinzessin brauchte drei Tage, um wieder zu Kräften zu kommen und weitere Palindromisierungsexperimente über sich ergehen zu lassen. Nachdem der Versuch von Minister Etsinim, die Pressefreiheit zu beschneiden, gescheitert war, galt es als nur recht und billig, dass als nächster prominenter Anwärter der Pressezar von Palindromien höchstselbst vor Tisch und Laptop trat.

Dr. O. Lesser, Presselord, sah sich mit der Aufgabe konfrontiert, den Strukturtyp SIER in einer seiner Erscheinungsformen vorzustellen. Hinter dem Kürzel SIER verbarg sich der Name des polnischen Mathematikers Wacław Sierpinski, der 1916 eine Arbeit „Über eine Kurve, deren jeder Punkt ein Verzweigungspunkt ist" veröffentlicht hatte. Das Besondere an dieser Kurve ist, dass sie eigentlich gar keine ist, sondern ein durch und durch durchlöchertes Dreieck. Sie ist mehr als eine eindimensionale Linie und weniger als eine zweidimensionale Fläche. Der Herr Dr., der als Pressechef täglich viele Zeitschriften auf den Schreibtisch bekam, erinnerte sich, solch ein Gebilde schon einmal gesehen zu haben. Er hielt die Aufgabe für leicht lösbar, um so mehr als die Prinzessin nicht einmal als zweidimensionales Wesen gefragt war, sondern als nur etwa anderthalbdimensionales. Überdies reizte ihn das Königreich in keiner Weise. Es genügte ihm, wenn die Prinzessin ihre Hand in die seine legen würde und er noch einen tüchtigen Batzen Gold und Geld dazu bekäme. Doch bevor er sich dem Palindrometest stellen konnte, galt es, der Prinzessin die Aufwartung zu machen.

Dr. Lesser war ein Verehrer von Heinrich Heine. Es war ihm deshalb ein leichtes gewesen, aus dem "Buch der Lieder" ein ergreifendes Liebesgedicht hervor zuziehen:

> „Du bist wie eine Blume
> So hold und schön und rein;
> Ich schau' dich an, und Wehmut
> Schleicht mir ins Herz hinein.
>
> Mir ist, als ob ich die Hände
> Aufs Haupt Dir legen sollt',
> Betend, dass Gott dich erhalte
> So rein und schön und hold."

Die Prinzessin, die mit Heine wohl vertraut war, hatte ohne Zögern die Antwort parat:

> „'O, die Liebe macht uns selig,
> O, die Liebe macht uns reich!'"
> Also singt man tausendkehlig
> In dem heil'gen röm'schen Reich.
>
> Du, du fühlst den Sinn der Lieder,
> Und sie klingen, teurer Freund,
> Jubelnd dir im Herzen wieder,
> Bis der große Tag erscheint:
>
> Wo die Braut, mit roten Bäckchen,
> Ihre Hand in deine legt
> Und der Vater, mit den Säckchen,
> Dir den Segen überträgt.
>
> Säckchen voll mit Geld, unzählig
> Linnen, Betten., Silberzeug –
> O, die Liebe macht uns selig,
> O, die Liebe macht uns reich!"

Der Pressemann tat, als habe er die Zurechtweisung nicht wahrgenommen. Er erbat nunmehr die Prinzessin als Achtzehnjährige. Aus Sorge, sie könne die Folgen des Sturzes ins Chaos noch nicht restlos überwunden haben, schlug er ihr den einfachen Modus $m = a_7(s_2a_1)_4s_2(21)$ vor und wollte sich überdies mit einer Zykluslänge, die nur ein Drittel der Moduslänge betrug, begnügen.

Prof. Reger gab das Zeichen der Zustimmung und des Beginns.

Das Bild, das auf der großen Leinwand erschien, erinnerte an das, welches der Student Otto während der Generalprobe produziert hatte: Ein Dreieck, bestehend aus lauter Dreiecken. Nur waren die vielen kleinen Dreiecke nicht chaotisch über das große verstreut, wie bei Otto, sondern offenbarten eine strenge Ordnung. Die gesamte Struktur war gleichsam in Hierarchieebenen aufgeteilt. Im Zentrum der obersten Ebene befand sich ein Dreieck, das von drei kleineren umrahmt war. Auf der nächstfolgenden Ebene wiederholte sich das Bild der ersten Ebene dreimal, indem es ein doppelt so großes zentrales Dreieck dreimal umrahmte. Dieses Bauprinzip wiederholte sich immer und immer wieder (Abb. 7).

Abb. 7

„Ein Fraktal", erklärte der Mathematiker aus der Jury seinen Kollegen. „Eine Figur, die in allen ihren Teilen sich selbst ähnlich ist. Man kann sie auf vielfältige Weise konstruieren, geometrisch oder auch arithmetisch, und wie Sie sehen, sogar durch Palindromisierung unserer hochverehrten Prinzessin. Ihre Dimension d beträgt d = 1,584. Wir sollten dem Herrn Dr. für diese gelungene Demonstration danken."

Die Prinzessin war stolz und froh, eine solch bedeutsame und ästhetisch faszinierende Figur abgegeben zu haben.

Das Publikum spendete nachhaltigen Beifall, und in der Königlichen Loge zeigte der nach oben gerichtete Daumen des Königs an, daß die Schar der Meisterfreier wieder um einen größer geworden war.

*

Zur Zeit des Wettstreits der Meisterfreier von Palindromien sorgte in der Hauptstadt noch ein weiteres kulturelles Ereignis für Aufsehen. Es war die Aufführung der Oper „Die Entführung aus dem Serail". In ihr werden bekanntlich zwei junge Mädchen, Herrin und Dienerin, nach einem erlittenen Schiffbruch in einem osmanischen Serail gefangen gehalten. Ihre Liebhaber werden bei dem Versuch, sie zu befreien, von Osmin, dem Oberaufseher des Serails, überrascht und in den Kerker geworfen. Aus Freude über seinen Fang singt der Trunkenbold:

„O wie will ich triumphieren,
wenn sie euch zum Henker führen,
und die Hälse schnüren zu, schnüren zu, schnüren zu ..."

Natürlich endet die Geschichte glimpflich, weil der Pascha von der tiefen Liebe der jungen Leute zueinander so gerührt ist, dass er ihnen die Freiheit schenkt. So weit, so gut.

Nun ist es heute aber vielerorts üblich, ein Bühnenwerk nicht so darzubieten, wie es der Autor vorgesehen hat, sondern entsprechend der Mentalität des jeweiligen Regisseurs. Action, Sex und viel Blut, abgehackte Gliedmaßen und öffentliche Hinrichtungen, blindwütige Schießereien, Messerstechereien und wilde Autojagden sind zu beliebten Ausdrucksformen krankhafter Regisseursgehirne geworden. So auch in der Hauptstadt Palindromiens.

Die Oper befand sich ganz in der Hand von *Regisseur Dr. U. Essiger.* Selbiger hatte die Szene mit Osmins Vision von den zugeschnürten Hälsen zum absoluten Höhepunkt seiner Inszenierung gemacht. Detailgetreu wurde auf der Bühne – wenn auch trickreich wie im Zirkus – nachvollzogen, wie in des Haremswächters Phantasie zwei Menschen am Galgen aufgehängt werden. Bevor der Vorhang nach dieser Szene fällt, sieht man nur noch die hängenden Köpfe und die zugeschnürten Hälse.

Der Regisseur Dr.U. Essiger gehörte natürlich zur Prominenz in Palindromien. In dieser Beziehung unterschied sich Palindromien nicht von seinen Nachbarländern. Je schriller und skurriler einer oder eine heutzutage ist, um so mehr Aufmerksamkeit wird ihm oder ihr zuteil und um so gefragter ist das, was er oder sie gerade von sich gibt, ob ein Buch, einen Song, eine modische Kreation, eine Inszenierung oder was auch immer.

Niemand am Königlichen Hofe zweifelte daran, daß Dr. U. Essiger seinen Auftritt im Wettstreit der Meisterfreier dazu nutzen würde, einen neuerlichen Eklat zu provozieren. Das weite Amphitheater war bis auf den letzten Platz gefüllt. Vor ihm blühte der Handel mit Eintrittskarten für Stehplätze zu stark überhöhten Preisen.

Auf das Zeichen des Juryvorsitzenden hin schritt der Regisseur lässig zu dem ihm zugewiesenen Tisch Nr. 6. In derselben Haltung ging er auf Ababa zu, näherte sich ihr über Gebühr und sagte mit rauher Stimme sein Sprüchlein auf:

„Süßeste Freundin, euch will ich vertrauen,
Ach, vergesst mich, ich bitte euch, nicht."

Alle, Zuschauer, Jury, das Königspaar und auch die Prinzessin warteten, was noch folgen würde. Doch der Herr Regisseur kehrte schon wieder zum Tisch zurück und machte sich am Laptop zu schaffen. Texte auswendig zu lernen war nicht seine Stärke. Hatte er ja auch nicht nötig, denn am Theater sah er seine Aufgabe darin, ein Stück so zu inszenieren, wie er es gerade verstand, und die Schauspieler, von denen er natürlich absolute Textkenntnis verlangte, in ihren, ihm allein vorschwebenden Bewegungen anzuweisen.

Dieser Freier enttäuschte also. Zudem ließ der Dekan die Königin wissen, dass es sich wieder um Blondel de Nesle handele, der bereits von dem Studenten Otto in der Generalprobe bemüht worden war und daselbst weitaus ausführlicher und beeindruckender vorgetragen worden war.

Aaba war nicht gewillt, noch einmal auf Blondel de Nesle einzugehen, noch dazu in dieser äußerst kargen Variante. Der Regisseur war ihr keinen Deut sympathisch. Ihre Abneigung fasste sie in dem altspanischen, ebenso kurzen Vers zusammen:

„Geh, Schändlicher! Geh Deines Weges!
Du meinst es nicht ehrlich mit mir!"

Für Prof. Reger und die anderen Mitglieder der Jury war damit klar, dass der Kandidat die erste Prüfung nicht bestanden hatte. Doch war es sein Recht, auch die zweite noch zu absolvieren. Das Gremium hatte zu diesem Zweck beschlossen, nach dem Vorfall mit NATO-Wotan noch einmal den Strukturtyp PER auszuschreiben.

Dr. U. Essiger nickte zustimmend, als hätte er nichts anderes erwartet. Er strich sich über sein langes wallendes Haar, überlegte verdächtig lange und bat dann um die fünfjährige Prinzessin. Der Philosoph Prof. Sahnenhas und die Kunsthistorikerin Fräulein Dr. Lieseseil sahen sich vielsagend an und verzogen ihre Gesichter. In die Jury kam Bewegung.

„Sollen wir ihm wirklich das Kind ausliefern?", fragte das Fräulein den Professor leise. Der zuckte indes nur mit den Achseln: „Reglement ist Reglement. In der Generalprobe war es untersagt gewesen, die Prinzessin in einem Alter unter zehn Jahren zu palindromisieren. Aber jetzt ...". Die Jury genehmigte also die Prinzessin im Vorschulalter.

„Benennen Sie nun Ihren Modus und die gewünschte Zykluslänge", forderte der Vorsitzende den Regisseur auf.

Dr. U. Essiger hob sein Megaphon, das er immer bei sich trug, zum Munde, so dass alle auf dem weiten Platz vor dem Königspalast hören konnten, wie er in sauberem Palindromisch verlautbarte:

„$m = a_1s_2a_2s_2a_1s_1a_1s_2a_2s_2a_2s_4(22)$, $Z_1 = 2m_1$."

Und zu Ababa gewandt:

„Und jetzt: Action bitte, Süße!"

Palina zuckte in ihrer Loge zusammen. Was erlaubte sich dieser Kerl? Glaubte er sich vielleicht in seinem Theater?

„Dreh sofort den Daumen nach unten!", forderte sie den König auf. Pal I. sah das Spektakel jedoch gelassen.

„Das ist nun mal die Art dieser Leute", winkte er ab. „Entscheidend ist, was er zustande bringt."

Damit war die Sache für ihn erledigt. Für die Jury sowieso.

Ababa hatte unterdes bereits einige Zyklen absolviert. Auf den Rängen herrschte eisige Stille. Auf der Leinwand zeichneten sich die Farben Rot und Schwarz ab. Rouge et Noir? Drehte sich im Kopf des Regisseurs etwa ein Roulett, das er über das Medium Ababa auf die Bildwand projizieren wollte?

Doch dann formte sich ein rundes Etwas, einem Kopf gleich, mit zugeschnürtem Hals, darunter ein weiterer Kopf und immer noch einer. Alle waren eingebettet in eine riesige rote Blutlache, die rechts von ihnen das gesamte Bild ausfüllte (Abb. 8).

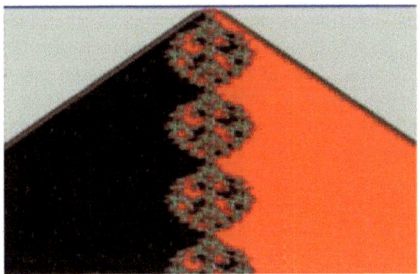

Abb. 8

„Entsetzlich!", schrie Palina auf. „Lass uns gehen! Dreh den Daumen endlich nach unten!" Doch dann besann sie sich, denn sie konnte ihr Kind unmöglich den blutigen Phantasien dieses offensichtlich Wahnsinnigen überlassen.

Der König blieb auch diesmal ruhig. Er drehte den Daumen nicht nach unten, sondern streckte den Zeigefinger aus und wies auf Ababa, die einen sichtlich frohen und zufriedenen Eindruck machte. Rot und Schwarz waren ihre Lieblingsfarben. Da in diesem Bild auch noch hier und da ein wenig Weiß aufschimmerte, kam sie sich vor wie Schneewittchen, deren Wangen weiß wie Schnee, deren Lippen so rot wie das Blut und deren Haar so schwarz wie Ebenholz gewesen sein sollen.

Was die Jury angeht, so hatte sie jetzt nur zu beurteilen, ob und wie dem Bewerber der Strukturtyp PER gelungen war. Nach eingehender Beratung kam sie zu dem Schluss, dass ungeachtet der Vorspiegelung von hängenden Köpfen und zugeschnürten Hälsen eindeutig ein komplexes Muster im Zentrum der Struktur sich identisch und periodisch reproduziert. Das Hauptkriterium des Strukturtyps PER sei somit erfüllt. Überdies sei von Interesse, dass das sich identisch und periodisch reproduzierende zentrale Muster von links her von Nullen umgeben sei, und auf der rechten von (b – 1) – Sequenzen.

Der Vorsitzende faßte zusammen: „Der Kandidat hat von den zwei Aufgaben, vor die er gestellt war, eine gelöst, die andere nicht."

Hilfe suchend schaute er zur Königlichen Loge hinüber, in welche Richtung der königliche Daumen wohl weise. Pal I. war jedoch alles andere als ein Dogmatiker. Er dachte praktisch. Erklärt er die Prüfung insgesamt für nicht bestanden, so muss er, gemäß dem Dekret, das er selbst erlassen hat, den Regisseur des Landes verweisen. Da dieser jedoch keine Schüler herangezogen hat, die sein Werk fortsetzen könnten, würde das Theater verwaisen, und das wäre doch schade. Andererseits konnte er es Ababa nicht antun, einen Kandidaten in die engere Wahl als Meisterfreier aufzunehmen, den sie selbst sichtlich nicht mochte. Die ebenso salomonische wie praktische Lösung, die er fand, war:

„Der Kandidat hat die technische Prüfung bestanden; er braucht also nicht des Landes verwiesen zu werden. Da er jedoch in der literarisch-verbalen Prüfung versagt hat, kann er nicht in die kleinere Schar der Meisterfreier aufgenommen werden."

Prof. Reger dankte dem Monarchen für diese weise Entscheidung, übernahm sie als Spruch der Jury und schloss die heutige Veranstaltung.

Doch schon als die Jurymitglieder sich voneinander zu verabschieden begannen, bat Prof. Salamander Fred Namalas, der Biologe, noch einmal ums Wort und beantragte zum Erstaunen aller eine Sondersitzung des Gremiums unter Ausschluss der Öffentlichkeit, selbst der Königlichen Hoheiten. Sie wurde ihm gewährt, und alle waren gespannt, was den verehrten Herrn Kollegen zu diesem Antrag bewogen haben mag. In der darauf folgenden geschlossenen Sitzung, an der lediglich die Anorganikerin nicht teilnahm, die, wie sie sagte, an diesem Abend eine andere wichtige Verabredung habe, hielt Prof. Salamander einen Kurzvortrag.

„Verehrtes Fräulein Dr. Lieseseil, meine Herren", begann er. „Was wir heute erlebt haben, gleicht einer Sensation. Ich erinnere: Ein Muster, eine Struktur, ein Ensemble von Sequenzen reproduziert sich in der Zeit identisch und periodisch. Als Biologe, dessen Spezialgebiet die Genetik ist, denke ich da sofort an genetische Information, die in der DNA gespeichert ist und von Zelle zu Zelle oder von Generation zu Generation identisch weitergegeben wird. Und die Nullen links vom Kernensemble und die $(b - 1)$ – Sequenzen rechts von ihm, deren Anzahl mit jedem Zyklus um einen bestimmten Betrag wächst, könnten den sogenannten repetitiven Sequenzen entsprechen, welche die genetisch aktiven Abschnitte der DNA links und rechts umgeben. Ist das nicht wunderbar?"

Fräulein Dr. Lieseseil knabberte ungeduldig an ihren Fingernägeln.

„Was, bitte schön, hat die DNA mit unserem Wettstreit der Meisterfreier von Palindromien zu tun?", fragte sie den Biologen spitz. „Bisher waren wir nur der hiesigen Lokalpresse ausgeliefert. Woher stammt Ihre Information, verehrter Herr Professor, die Sie in der DNA gefunden zu haben glauben?"

Prof. Salamander verstand die Frage jedoch nicht. Es musste wohl ein Mißverständnis vorliegen.

„Was hat die DNA mit der Presse zu tun?", fragte er seinerseits zurück.

„Die DNA ist die Presse, Verehrtester! Die wichtigste Tageszeitung im Elsaß! Die ‚Dernières Nouvelles d'Alsace'."

„Ach, du liebe Güte", atmete der Biologe auf. „Die hatte ich aber wirklich nicht im Sinn. Die DNA ist bei uns Biologen und wohl auch bei Kollegen anderer Fächer die Desoxyribo-nukleinsäure, ein polymere Verbindung, die aus Desoxyribonukleotiden aufgebaut ist. Diese enthalten ihrerseits bestimmte organische Basen – Adenin (A), Thymin (T), Guanin (G) und Cytosin (C) -, aus denen sich der genetische Code zusammensetzt. Das nur ganz allgemein, ohne ins fachliche Detail zu gehen. Was mich an der Struktur, die uns Herr Dr. U. Essiger heute vorgeführt hat, fasziniert ist, dass sie genau so aufgebaut ist wie ein DNA–Strang: Ein genetisch aktiver, d. h. identisch reproduzierbarer Kern, umgeben von einer wachsenden Anzahl repetitiver Sequenzen und – wie Sie vielleicht bemerkt haben werden – links und rechts durch eine Außenhaut, eine Art Schutzkappe, von der Umgebung abgeschirmt."

Die beiden Physiker wandten ein, das sei doch wohl ein ziemlich weit her geholter Vergleich, eine rein strukturelle Analogie, die ohne jede wissenschaftliche Bedeutung sei. Darauf käme es ihnen auch gar nicht an, denn sie hätten lediglich zu beurteilen, ob a) der Strukturtyp getroffen, und b) er in einer erträglichen und verständlichen Form vorgestellt wurde. Die Prinzessin habe sich nach dem Auftritt des Regisseurs mit Schneewittchen verglichen, das sei für sie als Jurymitglieder um vieles wichtiger als der Vergleich der heute vorgeführten Struktur mit einer biologischen Substanz.

Die übrigen Herren sahen das ebenso. Nur Dr. Lieseseil dachte darüber nach, ob sie Prof. Salamander bitten sollte, für die DNA einen Artikel über den Strukturtyp PER und die DNA zu schreiben.

Das Gremium beendete seine Arbeit mit der Feststellung, von der Vermutung des Biologieprofessors nichts an die Öffentlichkeit dringen zu lassen. Vielmehr wolle man das Problem im Auge behalten und ihm ernsthafte Betrachtung sichern.

*

Berufe

Zu Beginn der dritten Woche des Wettstreits um die Hand der jungen Königstochter kam es im Haus der Freier zu einem Aufruhr. Der Grund war ein kritischer Artikel, den der Reporter des „Palindrome-Kuriers" seiner Redaktion eingereicht und im Haus zur Einsicht ausgelegt hatte. *Reporter E. Troper*, der selbst einer der Freier war, berichtete darin über den bisherigen Verlauf des Wettstreits. Mit sichtlicher Schadenfreude hielt er sich bei der Pleite von NATO-Wotan auf und bekräftigte seine Abscheu an der Art und Weise, wie Regisseur Dr. U. Essiger sein respektables – das muss man ihm schon lassen! – Ergebnis erzielt hatte. Der Kern der Kritik richtete sich jedoch gegen die Jury, die offensichtlich die hauptstädtische Prominenz aus Politik, Kirche und Kultur bei der Auswahl der Freier bevorzugte. Keiner von den in Palindromien ansässigen Handwerkern und Gewerbetreibenden, freischaffenden Künstlern, Rentnern, von Regimekritikern ganz zu schweigen, die sich ebenfalls unter den Freiern befanden, sei bisher aufgefordert worden, seine Palindromisierungskünste unter Beweis zu stellen.

„Schluss mit der Prominenz!" – lautete der Aufruf des Reporters, der von der Mehrheit der Freier freudig aufgegriffen und auf einem großen Transparent weithin sichtbar an einem der zwei Balkone des Hauses der Freier angebracht wurde.

Der zweite Kritikpunkt betraf das Reglement des Wettstreits. Der Reporter gab zu bedenken, dass die Vorgabe eines Strukturtyps die Freier nicht gerade ermutige, ihre kreativen Fähigkeiten frei zu entfalten. Die Jury würde – offenbar unter dem Druck der Herren Professoren von der Fakultät für Palindromik – nur drei Strukturtypen zulassen. Den Freiern sei damit von Anbeginn verwehrt, auch andere Typen zu erzeugen, die den Herren möglicherweise noch gar nicht bekannt sind.

„Freiheit für das strukturelle Schöpfertum!" – war deshalb seine zweite Forderung, die seitdem den zweiten Balkon des Hauses der Freier schmückt.

Pal I. gefiel die Art, wie die Freier ihre Interessen und ihre Rechte verteidigten. Solange das Königshaus nicht angegriffen wurde, war es ihm egal, wie der Wettstreit verlief.

„Man möge prüfen, ob die Forderungen gerechtfertigt sind und entsprechend verfahren!", lautete seine Order an die Jury. Deren Vorsitzender verstand sie so, als seien die zwei Kritikpunkte als Ärgernisse zu behandeln, die es zu beseitigen gilt. In einer eiligst einberufenen Beratung wurde deshalb beschlossen, bei der Auswahl der Freier künftig mehr auch die niederen Stände zu berücksichtigen und es den Bewerbern selbst zu überlassen, zu welchem Strukturtyp sie die Prinzessin führen möchten.

Zum Zeichen der Verständigung wurde in der nun beginnenden neuen Runde des Wettstreits der Reporter E. Troper als erster auf die Bühne gebeten.

Der Vorsitzende der Jury begrüßte ihn und gab seiner Freude darüber Ausdruck, dass die hauptstädtische Presse nicht nur aufmerksam den Verlauf des Wettstreits verfolge, sondern mit dem Herrn Reporter auch selbst sich aktiv am Wettbewerb beteilige. Und was er denn vorzutragen wünsche?

Der Reporter hatte Walther von der Vogelweide zu seinem Verbündeten im Wettstreit um die Königstochter erkoren und begann sogleich:

„Ich bin jetzt so von Herzen froh,
dass ich recht Wunderliches mir ersinne:
denn leicht kann es sich fügen so,
dass ich erwerbe meiner Herrin Minne;
und wenn ich diese mir gewinne,
schwebt hoch zur Sonn mein Geist empor. Beglück mich,
Königinne!"

Die Königin strich sich mit ihrem Seidentuch über die feucht gewordenen Augen und ließ es sinkend auch kurz über die Nase gleiten. Ihr war, als habe die Werbung ihr selbst gegolten.

Auch Ababa schien Gefallen gefunden zu haben, wenn auch mehr an der Meisterschaft Walthers von der Vogelweide als an der Art, wie der Reporter ihn vorgetragen hatte. Sie hatte das Gefühl, der Herr sei zwar ein artiger Rezitator, doch stehe er selbst nicht hinter dem, was er da sang. Während des Vortrages hatte er sie nicht einen Augenblick angeschaut; sein Blick war vielmehr starr auf einen imaginären Punkt irgendwo hinter oder über ihr gerichtet gewesen. Sie fand als Antwort daher nichts Treffenderes als Walthers Lied von der gegenseitigen Liebe, das so beginnt:

„Ob ich dir zuwider,
weiß ich wirklich nicht: ich liebe dich.
Eines drückt mich nieder:
Du blickst neben mich und über mich.
Solltest, Lieb, das meiden;
Ich will's nicht erleiden.
Solche Liebe schadet sehr.
Hilf mir tragen, mir ist es zu schwer!"

Der Königin erschien Ababas Reaktion etwas unangemessen. Schließlich hatte der Kandidat doch wirklich gut und ihr aus dem Herzen gesprochen. Doch noch war nichts verloren, und auch die Mitglieder der Jury gaben zu verstehen, dass sie die Wahl des Sängers aus dem 12./13. Jahrhundert durchaus billigten. Prof. Reger erhob sich und richtete die neue Formel an den Reporter:

„Welchen Strukturtyp wünschen Sie uns vorzuführen?"

Troper entschied sich für PER. Als Reporter war es ihm ein Gräuel, wenn Informationen bei ihrer Weitergabe verfälscht wurden. Die Übermittlung von Nachrichten sei dem Prinzip der Identität verpflichtet: Keine Information darf dabei verloren gehen, und nichts darf zu einer Pressenachricht hinzugedichtet werden.

Die Reaktionen in der Jury und im Publikum waren unterschiedlich. Die meisten begrüßten es, dass ein Bewerber überhaupt frei ankündigen konnte, was er mit der Prinzessin vorhat. Einige wenige taten durch ihre süß-sauren Mienen kund, dass sie fürchteten, nach dem Skandal-Regisseur nun auch noch einen Skandal-Reporter zu erleben.

E. Troper hatte sich vorgenommen, den Typ PER in einer neuen Variante zu zeigen. Nicht abgehackte Köpfe und zugeschnürte Hälse sollten identisch reproduziert werden, sondern eine Figur, die dem Publikum gefallen sollte. Die repetitiven Sequenzen aber sollten nicht einfach lauter Nullen oder (b − 1) − Sequenzen sein, sondern selbst gefällige Muster bilden.

Um sich auch in der Frage nach dem Alter der Prinzessin deutlich von Regisseur Dr. U. Essiger abzugrenzen, bat er um Ababa in dem höchstmöglichen Alter, also 32. Als Modus wählte er m = $a_1s_2a_3s_4a_4s_3a_2s_1(a_1s_1)_{12}$(44) bei einer Zykluslänge, die gleich der Moduslänge ist.

Auf der Leinwand erschienen klare Konturen: Ein einfach strukturierter Kern. Umgeben aber war er von zwei Arten repetitiver Sequenzen, die selbst in sich strukturiert waren und im Verlaufe des Prozesses identisch und periodisch reproduziert wurden (Abb. 9).

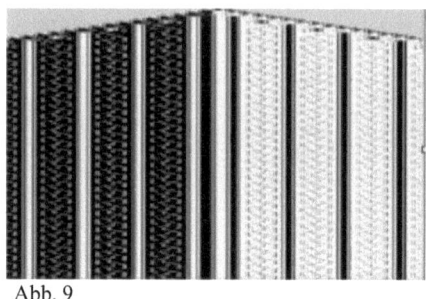

Abb. 9

Der Reporter verneigte sich vor der so gestalteten Prinzessin und noch tiefer vor dem Königspaar, wartete das Urteil der Jury gar nicht erst ab und kehrte in das Haus der Freier zurück, überzeugt, dass dies sein legitimer Platz sei.

Der Ordnung und der Vollständigkeit halber streckte Pal I. den rechten Arm mit erhobenem Daumen in Richtung der Jury.

*

Tropers Auftritt verlieh dem Wettstreit neuen Schwung. Die verbliebenen Kandidaten verbrachten die meiste Zeit mit dem Studium von Literatur in der Königlichen Bibliothek sowie mit Palindromisierungsübungen und -experimenten, probierten Modi aus und versuchten herauszufinden, ob es geheime Zusammenhänge zwischen dem Alter der Prinzessin, den Modi und den Strukturtypen gibt. Ein Finanzökonom, der *Kassierer Eissak,* wollte beobachtet haben, dass ein gutes Gelingen von den Börsenkursen des jeweiligen Tages abhängt und führte als Beleg den Tiefstand des PAX, des Palindromischen Aktienindex, an dem Tage an, als NATO-Wotan die Prinzessin ins Chaos hatte stürzen lassen. Leider hatte er am Morgen des Tages, als er auf die Bühne gerufen wurde, die Börsennachrichten noch nicht hören können. Ob sie optimistisch waren, wird sich wohl im Laufe des Tages zeigen.

Seinen literarischen Vortrag siedelte er im 17. Jahrhundert an. Sein Lieblingslied war „Ännchen von Tharau". Der Text konnte zwar nicht unmittelbar auf Ababa bezogen werden, aber, so sagte er sich, das konnten die Texte, die er bisher in diesem Wettstreit gehört hatte, ja auch nicht. In dem Lied war aber wenigstens von Gut und Geld die Rede, und dem galt nun einmal seine Leidenschaft als Kassierer. Außerdem gab es in ihm eine Strophe, in der von Eis und Eisen die Rede war, wodurch er sich selbst zumindest mit der Hälfte seines Namens Eissak vertreten glaubte. So wählte er jene zwei Strophen, auf die es ihm ankam, denn das ganze Liedlein vorzutragen wäre wohl unpassend gewesen, und er wollte sein Glück nicht aufs Spiel setzen.:

> „Ännchen von Tharau ist, die mir gefällt;
> sie ist mein Leben, mein Gut und mein Geld.
> Ich will dir folgen durch Wälder, durch Meer,
> durch Eis, durch Eisen, durch feindliches Heer."

„Gut! Dach!", hörte die Königin den Herrn Dekan neben sich flüstern.

„Ja! Doch!", antwortete sie ihm.

„Nein! Dach!", widersprach der Professor. „Simon Dach! 1606 bis 1659."

„Ah ja". Jetzt hatte sie verstanden.

Auch Ababa war im Bilde. Und sie kannte, weiß Gott, auch die anderen Strophen, in denen es z. B. hieß:

> „Was ich gebiete, wird von dir getan,
> was ich verbiete, das lässt du mir stahn."

Hatte diese Beamtenseele ihr überhaupt etwas zu gebieten oder zu verbieten? Dünkte er sich etwa höher als ihr Stand es ihm erlaubte? Und dann:

> „Was ich begehre, ist lieb dir und gut;
> ich lass den Rock dir, und du mir den Hut!"

„Ich weiß selbst, was mir lieb und gut ist. Wie gnädig, dass er mir meinen Rock lässt. Doch welchen Rock ich trage, lasse ich mir weder von einem Kassierer noch von der Mode vorgeben. Ich putze mich nach meinem eigenen Geschmack. Seinen Vortrag aber kann er sich an seinen Hut stecken."

Mit diesen Gedanken fiel es ihr nicht schwer, bei demselben Simon Dach die Antwort auf Eissaks Vortrag, vor allem auf das, was er verschwiegen hatte, zu finden:

> „Ich weiß mich so nicht auszuputzen,
> wie jetzt die geile Jugend tut,
> und die ihr väterliches Gut
> im halben Jahr oft ganz verstutzen;
> was hoch und über Standsgebühr,
> da ekelt meiner Seelen für."

Der Kassierer spürte den Boden unter seinen Füßen wanken. Ihm wurde heiß und übel. War der PAX so tief gesunken? Sollte er selbst im Boden versinken? Wird man ihn des Landes verweisen? Alles hing jetzt davon ab, wie er den praktischen, den technischen Teil der Prüfung absolvierte.

Fragend schaute er zum Vorsitzenden der Jury hinüber. Nur wenig erleichtert folgte er dessen Aufforderung zum Beginn.

Der Kassierer Eissak hatte sich dem Strukturtyp SIM verschrieben. Er liebte an ihm vor allem die – wie er sagte – similare Reproduktion. Damit war gemeint, dass eine Figur, ob Dreieck, Viereck oder was auch immer, in immer größeren Abmessungen und in immer größer werdenden Zeitabschnitten reproduziert wird, so wie ein Kapital sich durch Zins und Zinseszins ins Unermessliche vermehren kann.

Er hatte sich einen Modus ausgedacht, für den er sich die Prinzessin im Alter von 16 Jahren wünschte. Er wurde ihm gewährt, ebenso die gewählte Zykluslänge.

Alles verlief wie am Schnürchen. Auf der Leinwand erschien ein helles Dreieck, noch schöner anzuschauen als das des Kanzlers vor mehr als zwei Wochen. Es wurde links flankiert von einem anderen gleicher Farbe, das mit ihm zusammen ein Parallelogramm bildete, rechts dagegen von einem schwarzen Null-Dreieck. Dann folgte die nächste Figurenebene, der ersten ähnlich, doch in größeren Abmessungen, dann eine dritte und gar noch eine vierte versuchte auf der breiten Wand Platz zu finden. Noch ehe die Prinzessin den 400. Zyklus vollendet hatte, schallte schon der Beifall von den Rängen. Das Publikum hatte offensichtlich seine Freude an dem Spiel (Abb. 10).

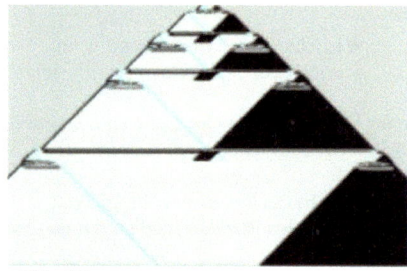

Abb. 10

Der Kassierer jedoch stutzte. Auch bei dieser Übung schien nicht alles glatt zu gehen. Irgend etwas war in der heutigen Figur anders als seinerzeit in der, die der Kanzler produziert hatte. Er dachte hin und dachte her, aber er kam nicht auf den Punkt. Hilfe suchend blickte er in Richtung der Freiergemeinde. Doch von da hatte er nichts zu erwarten.

Zum Glück hatte sein Freund, der *Revisor Rosiver,* der in einer der ersten Reihen saß, genau verfolgt, was in und um Ababa bei diesem Modus vor sich ging: An den Ecken der similaren Dreiecke zeigten sich gesonderte Strukturen. Die nach unten gerichteten Spitzen der zentralen Dreiecke zierten kleine schwarze Parallelogramme, während sich an den nach oben gerichteten Spitzen der seitlichen Dreiecke etwas komplizierter gestaltete Gebilde zeigten. Alle aber waren sich nicht nur ähnlich, sondern die an den nach unten gerichteten Spitzen reproduzierten sich identisch, ebenso die an den seitlichen Ecken.

Nun sah das Neue auch Kassierer Eissak. Was er nicht sah, war, dass er damit eine Struktur erschaffen hatte, welche similare und identische Reproduktion gleichzeitig leistete.

Die beiden Physiker indes betrachteten die Figur mit größtem Interesse, machten sich Notizen und konnten ihrerseits nicht verstehen, dass ausgerechnet ein Finanzbeamter, der Kassierer der hauptstädtischen Sparkasse, diese Entdeckung gemacht haben sollte. Genervt gaben sie ihre Zustimmung, Eissak die Chance auf den zweiten Wahlgang zu geben.

Der Vorsitzende der Jury gab allerdings zu bedenken, dass der literarische Teil der Werbung, gemessen an der Reaktion der Prinzessin, nicht als gelungen gewertet werden kann. Eingedenk der weisen Entscheidung Pals I. im Falle des Regisseurs schlug er deshalb vor, dass der Kassierer vom weiteren Verlauf des Wettstreites ausgeschlossen, jedoch nicht des

Landes verwiesen werden möge. Der Vorschlag wurde, nachdem der König Zustimmung signalisiert hatte, einstimmig angenommen.

*

Kassierer Eissak litt seitdem unter Alpträumen. Ihm träumte, vor ihm erhebe sich ein mächtiger Berg aus purem Gold. Er versuchte, ihn zu besteigen, doch der Berg wuchs und wuchs und wurde immer größer, und als er schon glaubte, die Spitze erreicht zu haben, tat sich vor ihm ein neuer Berg auf, noch größer als der vorige. Wo hatte man je soviel Gold gesehen? Und wie kam es, dass es immer mehr wurde? Das liegt am Zinssatz, wusste der Finanzfachmann. Ganz klar, wenn der Zinssatz sich auf großer Höhe einpendelt und dort gleich bleibt, so wächst der Berg des Goldes in similaren Abständen und doch gleichmäßig, denn der Zinssatz selbst reproduziert sich identisch.

Der Kassierer sprach zu niemand von seinen Träumen, nicht einmal zu dem Akrobaten des Zirkus Sarasaras, mit dem er sich, als er noch Zugang zum Haus der Freier hatte, angefreundet und der sich ihm einige Male mit der Absicht genähert hatte, ihn als Medium für seine Zauberkunststücke zu gewinnen.

Aborka, so lautete der Künstlername des Akrobaten, war früher der Chef einer Hochseiltanztruppe gewesen. Nach einem tragischen Unglücksfall, bei dem ein Mitglied der Truppe zu Tode kam, hatte er diesen Sport aufgegeben und sich ganz der Zauberkunst gewidmet. Seine Spezialität war, eine Frau in einen Kasten zu stecken, diesen in der Mitte zu durchsägen, mit den zwei Hälften drei Runden auf der Bühne zu drehen, sie sodann wieder aneinander zu schließen, sie zu öffnen und der unversehrt aussteigenden Dame unter donnerndem Beifall des Publikums die Hand zu reichen.

Akrobat Aborka gedachte mit seiner Teilnahme am Wettstreit dem Königspaar, der Jury, seinen Mitfreiern und allen Bewohnern Palindromiens eine ganz besondere Show zu bieten. Der Traum eines jeden Zirkuskünstlers ist es, nicht Berge von Gold zu besteigen, sondern mit einer einmaligen Attraktion, die ganz allein nur er beherrscht, im Rampenlicht zu stehen und nach gelungener Darbietung derselben huldvoll dem Publikum für den verdienten Applaus zu danken.

Für den ersehnten Auftritt vor dem Königspalast hatte er aus dem Leihhaus einen passenden Frack mit Zylinder ausgeliehen. Die bunte Fliege, die er auf dem schneeweißen Hemd trug, entsprach nicht ganz den Ansprüchen der besseren Gesellschaft, doch Zirkusleute sind nun mal mitunter Exoten.

Es war heiß an jenem Tage, so daß die Schminke in seinem Gesicht und der Puder schon begannen, sich zu vermischen. Doch erhobenen Hauptes betrat Aborka die Bühne. Er zog den Zylinder, verbeugte sich nach allen Seiten, verharrte dabei in Richtung der königlichen Loge einen Sekundenbruchteil länger als zur Jury und zum Publikum hin und reichte der Prinzessin die Hand, um sie an den ihm zugewiesenen Tisch zu führen. Mit einem Kratzfuß drehte er sich zu ihr um, hob beide Arme in die Höhe und deklamierte:

> „Heißen sollt ihr mich willkommen:
> der euch neues kündet, das bin ich.
> Alles, was ihr sonst vernommen,
> das ist eitel Wind. Nun fraget mich.
> Doch ihr müsst mich lohnen:

Wird mein Lohn recht gut,
will ich manches künden, was gar wohl euch tut.
Seht, ob man mir gut gesonnen!"

Es musste sich wohl im Palast der Freier herumgesprochen haben, dass die Prinzessin den Liedern und Sprüchen des Walthers von der Vogelweide ganz besonders zugetan ist, wenn nach dem Reporter jetzt schon der zweite Freier ihn ins Feld führte.

„Da weiß schon wieder einer, was mir wohl tut." Ababa mochte diese Art von Freier nicht, die sich mit den Versen des berühmten und von ihr hochverehrten Minnesängers schmückten. Sie kannte Walther mindestens so gut wie dieser Akrobat und hatte im Nu die knappe Antwort parat:

„Mein Freund, nein, tu das nicht
und lass die Rede sein,
damit du nicht so schmerzlich
beschwerst mir Sinn und Mut."

Der Zirkuskünstler schien die Distanz nicht bemerkt zu haben, die Ababa doch ganz offensichtlich zu ihm errichtet haben wollte. Als er gar versuchte, ihre Hand zu ergreifen, wurde sie deshalb um einiges deutlicher:

„Die so übermütig schallen,
über die ich zornig lache,
weil sie selbst sich wohlgefallen
mit so ungefügem Krache.
Wie die Frösche quaken sie im See,
ihr Getöse ihnen so behagt,
dass die Nachtigall davon verzagt,
säng sie gern auch in der Näh."

Aborka machte einen erneuten Kratzfuß und setzte zu einer Erwiderung an. Es kam jedoch nicht dazu, denn der Juryvorsitzende, der befürchtete, dieser Auftritt könne sich über Gebühr hinziehen, unterbrach den Akrobaten und bat, sogleich zur Palindromisierungszeremonie überzugehen.

Der Zauberkünstler strich dreimal beschwörend mit beiden Händen über den Laptop, bevor er ihn öffnete und das Programm aufrief.

Auf die Frage der Jury nach dem Modus erklärte er, diesen nicht preisgeben zu können, weil der sein persönliches und berufliches Geheimnis sei. Das gelte auch für die Zykluslänge. Der Vorsitzende blickte verstohlen zum König hinüber, um zu erfahren, wie dieser auf die Dreistigkeit des Zirkusmannes reagiert, doch Pal I. ließ wissen, dass ihn einzig das Ergebnis der Darbietung interessiere, der Weg dahin sei ihm egal.

Aborka erhielt das Zeichen zum Beginn. Aus einer Innentasche seines Fracks zog er einen schmalen Stab, den er über dem Haupt der Prinzessin hin und her schwenkte. Dabei brummelte er eine unverständliche Beschwörungsformel.

Ababa begann sich zu verformen. Wie bei jeder dieser Darbietungen wuchs sie in die Breite. Während sie bisher aber schon nach wenigen Zyklen Form und Struktur gezeigt hatte, erschien heute auf der Leinwand ein grünliches chaotisches Pixelgemenge. Voller Erwartung, was der Künstler aus diesem Chaos hervorzuzaubern würde, verfolgten das Königspaar, die Jury und das gesamte Publikum jede kleinste Bewegung des Akrobaten.

Endlich löste sich das Chaos auf; es wurde abgelöst von einem rosafarbenen Gewand, durchsetzt mit grünen Streifen. Das Gewand schmiegte sich eng an die Taille der Prinzessin an, wurde nach unten zu aber wieder weiter. Ein schwarzer Hintergrund verlieh dem Bild einen besonderen Reiz (Abb. 11).

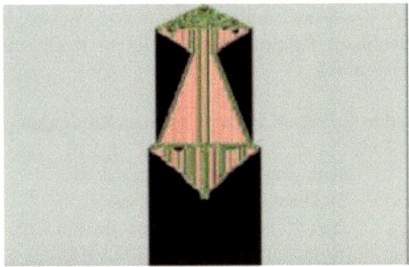

Abb. 11

Absolut neuartig an dieser Vorstellung war, dass etwa ab der Höhe, in der das rosafarbene Gewand sich aus dem Chaos löst und der Taille folgt, das Bild sich nicht weiter verbreitert; der schwarze Hintergrund endet in einer schnurgeraden senkrechten Linie. Erst da, wo das Gewand den Rand des schwarzen Hintergrundes wieder berührt, verschiebt sich dieser mit einem leichten Knick nach außen, um dann wieder in senkrechter Linie zu verlaufen. An dieser Knickstelle berührte Aborka jetzt das Gewand mit seinem Zauberstab. Als gelte es, einer neuerlichen Taille zu folgen, zog dieses sich zusammen, wurde schmaler und schmaler und war schließlich nur noch als Punkt zu sehen. Genau auf diesen Punkt hatte Aborka die ganze Vorstellung ausgerichtet. Denn jetzt ging ein Aufschrei durch das Publikum.

Die Prinzessin war verschwunden! Das schwarze Nichts hatte sie verschlungen!

Die Königin war von ihrem Thron aufgesprungen und wäre fast die drei Stufen hinab gestürzt, die zu ihm führten. Pal I. zog bedrohlich die Brauen hoch und blickte streng nach der Bühne.

„Wo ist die Prinzessin geblieben? Was haben Sie mit ihr gemacht?", schrie Prof. Reger den Akrobaten an.

„Sie ist unsichtbar geworden", gab dieser ruhig zur Antwort. „Ich habe sie Ihren Blicken entzogen und unsichtbar gemacht. Drei Tage wird sie in diesem Zustand unter uns weilen. Doch, Majestät", wandte er sich der königlichen Loge zu, „seien Sie unbesorgt, in drei Tagen werden Sie die Jungfrau wieder unversehrt in Ihre königlichen Arme schließen können."

Niemand in dem großen Oval wagte auch nur ein Wort des Protestes oder des Widerspruchs, denn niemand wollte selbst im schwarzen Nichts landen.

Pal I. hob den Daumen der rechten Hand in der Hoffnung, dass der Akrobat sein Wort halten würde.

*

Drei lange Tage und drei Nächte waren vergangen, als die Prinzessin in ihrem Gemach aufwachte und sich im Spiegel erblickte. Große Freude herrschte am Hofe, als sei sie vom Tode auferstanden. Dabei hatte die besondere Mischung aus Additionen und Subtraktionen, die der Akrobat ihr verabreicht hatte, lediglich bewirkt, dass sie den Augen der Welt nur für drei Tage entzogen war.

Die Jury hatte inzwischen die Reihenfolge der nächsten drei Freier festgelegt. Als erster wurde der *Klavierlehrer Helrei-Valk* auf der Bühne erwartet, dann der *Skilehrer Heliks*, und als letzter in dieser Runde ein Mann, bekannt als *Aktivist Sivitka*, der es sich zur Aufgabe gemacht hatte, allen Bewohnern Palindromiens zu ihrem Recht zu verhelfen oder Not zu lindern, wo immer sie herein brach.

Der Klavierlehrer trat steifen Schrittes vor, erwies dem Königspaar seine Reverenz und fiel vor der Prinzessin auf die Knie:

> „Aus ging ich eines Tages allein.
> In einen Garten trat ich ein,
> Sah dort ein Fräulein, schön und fein.
> Sogleich verliebt, gestand ich ein:
> Ich wollte ihr Geliebter sein.
> Sie willigt ohne Zögern ein:
> Stets wäre ihre Liebe mein,
> Wenn ich sie lieben wollt."

„Altfranzösisches Schäferlied, könnte Guiot de Dijon sein", flüsterte der Dekan der Literaturwissenschaftlichen Fakultät der Königin ins Ohr.

Sie nickte verstehend, seufzte „Rührend!" und gab die Information heimlich an Ababa weiter.

„Kennst Du nicht irgendeine andere Pastourelle, die als Antwort passen würde?", fügte sie noch hinzu.

Ababa mußte ein Weilchen nachdenken. Dann aber hob sie den Freier auf und sprach zu ihm:

> „Ein junges Weib bin ich fürwahr,
> Die Liebe schönt mein Angesicht.
> Doch lassen uns die Neider nicht
> Und flüstern über dich und mich.
> Mein lieber Freund, ich sage dir,
> Feind sind die Neider dir und mir."

Noch einmal seufzte die Königin „Rührend".

„Pal", wandte sie sich ihrem Gemahl zu, „sind sie nicht rührend, die beiden?"

Auch der König befand, dass der erste Teil der Präsentation bestens gelungen sei.

Nun übernahm Prof. Reger wieder das Wort.

Bei der Palindromisierungsübung hielt sich Herr Helrei-Valk an das, womit er täglich befasst war: An das Klavier spielen, wozu man Noten braucht. Er gab vor, mit der Prinzessin im Alter von 17 Jahren bei einer Zykluslänge, die gleich der Moduslänge ist, üben zu wollen. Er setzte sich in Positur – es war das erstemal in dem gesamten Wettstreit, dass ein Bewerber sich der Prüfung sitzend unterzog -, und bald erschien auf der Bildleinwand eine waagerechte Zeile nach der anderen. Ohne Zweifel war das ein ins Unermessliche wachsendes Notenblatt, ohne Noten zwar, aber bereit, aus des Meisters Hand solche aufzunehmen (Abb. 12).

Abb. 12

Nach den drei langen Tagen des Bangens um Ababa empfanden Publikum und Jury diese kurze Demonstration geradezu als eine Erholung und atmeten erleichtert auf. Und Pal I. wies mit dem Daumen nach oben.

*

Am nächsten Tag kam die Reihe an den Skilehrer. Er bat die Prinzessin vorab, sich warm anzuziehen, denn schon beim literarischen Teil der Übung sollte es winterlich werden, und gar im palindromischen Teil wolle er sie durch tiefen Schnee führen.

Ababa war froh, endlich einem neuen Typ von Freier zu begegnen und lauschte aufmerksam seiner weichen Stimme:

> „Nicht der Frost, der Winter nicht
> Hindern, dass mein Lied ich singe.
> Hoffnung bringt es und verspricht,
> Dass den Kummer ich bezwinge.
> Mehr lieb ich als alle Dinge
> Sie, von der mein Sehnen spricht.
> Fern von ihr wächst mein Verlangen,
> Mehr denn je bin ich gefangen.
> Doch ich seh sie nicht, welch Bangen!"

„Etwas kalt, aber im Ganzen freundlich, finden sie nicht auch, lieber Professor?", wandte sich die Königin in der Erwartung, dass er ihr über die Herkunft dieser Zeilen Auskunft gäbe, dem Dekan zu.

„Gace Brulé, Majestät. Dichter der Champagne. In vielen altfranzösischen Liederhandschriften vertreten. Ende des 12. Jahrhunderts." Prof. Reger sprühte vor Begeisterung.

Die Erwähnung von Frost, Winter und Kummer rief in Ababa die Erinnerung an die drei Tage zurück, während deren sie der Akrobat und Zauberkünstler Aborka den Blicken aller ihrer Lieben entzogen und sie in undurchdringlichem Dunkel gefangen gehalten hatte. Froh war sie, endlich über diese trüben und leidvollen Tage sprechen zu können, wenn auch nicht mit

Versen von Gace Brulé, so doch mit solchen des Guiot de Provins, der, wie sie vermutete, ein Zeitgenosse von diesem war:

> „So fern dem heimatlichen Strand
> Weilt lange ich im fremden Land.
> Groß Ungemach ich dort empfand
> Im unglückselgen, fernen Land.
>
> Lang lebt ich in der Trübsal Land.
> Die Träne oft im Aug mir stand.
> Der schönste Sommertag entschwand,
> Schien kalt wie ein Gletscherwand,
> Da dem Befehl ich unterstand,
> Zu weilen im verhassten Land."

Der schönste Sonnentag sollte nun tatsächlich entschwinden, als der Skilehrer zum zweiten Teil seines Werbeauftritts überging.

Er kündigte einen Modus von ungewöhnlicher Länge an: $m = (s_1a_1)_2(a_1s_2)_{48}(148)$. Erst sein zweimaliges Abarbeiten sollte einen einzigen Zyklus ergeben. Jung und kräftig, war er jedoch überzeugt, die 32-jährige Prinzessin heil durch alle unwirtlichen Gegenden und Situationen zu bringen.

Hatte der Klavierlehrer sein Notenblatt im Nu erzeugt, so zog sich das Unternehmen des Skilehrers ungewöhnlich in die Länge. Heliks hatte die Bühne mit Ababa bei Sonnenaufgang betreten. Inzwischen war es Mittag geworden, doch das Bild auf der Leinwand nahm noch nicht einmal die Hälfte der Fläche ein. Immerhin war schon zu erkennen, dass von einem geradlinigen Berggrat her zahlreiche Spuren in weitem Bogen in die Tiefe führten.

Am frühen Nachmittag verließen die Königlichen Hoheiten ihre Loge, um ein Mittagsmahl einzunehmen und anschließend sich ein Stündchen lang der Ruhe hinzugeben. Auch die Jury unterbrach die Beobachtung des Skilehrers für zwei Stunden und ließ nur die Chemikerin zur Kontrolle zurück. Das Publikum belagerte die wenigen Kioske, an denen Erfrischungen angeboten wurden.

Am Abend entsandte Pal I. einen Boten, damit dieser nach dem Rechten sähe und ihm über den Stand der Dinge Bericht erstatte.

„Eine Gruppe von Wintersportlern schießt die Hänge hinab. Spur läuft neben Spur. Eine große Strecke liegt noch vor ihnen", meldete der Bote. Er berichtete des weiteren über eine stellenweise unwegsame Folge von Schluchten, die sich in der Mitte des Bildes abzeichne. Links von ihr läge ein mit Schnee bedeckter Hang, rechts merkwürdigerweise ein mit grünem Rasen bewachsener.

Das Rätsel der zwei Hänge, welche die Folge tiefer Schluchten umgaben, löste sich bald auf. Heliks und Ababa hatten sich getrennt. Er schoss auf seinen Skiern mit vielen anderen links im Schnee den Hang hinunter, sie glitt auf einer Matte den weichen Rasen hinab. Zwischen ihnen musste es eine geheime Verbindung geben, denn jede Bewegung, die Heliks im Schnee ausführte, sah man auch die Prinzessin auf der grünen Wiese vollziehen. Und zwar gleichzeitig! Und ganz ohne Handy!

Die Dunkelheit brach herein, und mächtige Scheinwerfer erleuchteten den weiten Platz und die Bildwand. Doch selbst um Mitternacht hatte Skilehrer Heliks seine Prüfung noch nicht bestanden. Erst um drei Uhr morgens weckte man den König und die Königin, damit sie das Ende der Vorstellung live erleben konnten (Abb. 13).

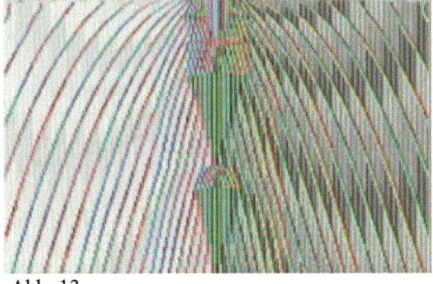

Abb. 13

Der Morgen graute schon, als beide endlich am Fuße des Hanges angekommen waren. Die Prinzessin war ganz außer Atem, ihre Wangen glühten, und sie winkte den Königlichen Hoheiten zu.

Dem König und der Königin hatte die durchwachte Nacht dunkle Ringe um die Augen gezogen. Sie achteten jedoch nicht der Müdigkeit und begrüßten Heliks und ihr Kind in froher Stimmung. Palina beantragte nach dieser Strapaze jedoch zwei Tage der Ruhe, die ihr Gemahl denn auch sofort gewährte, und zwar noch bevor er den Daumen in die ersehnte Richtung streckte.

Sonstige

Der *Aktivist Sivitka* hatte somit noch zwei Tage, um sich auf die Chance seines Lebens vorzubereiten. In den Kreis der Freier aufgenommen zu werden, das war für ihn als einen in Palindromien angesehenen Mann leicht zu schaffen gewesen. Er hatte – wie alle anderen auch – nur eidesstattlich zu erklären brauchen, dass er ein gebürtiger Palindromier sei und von untadeliger Gesinnung, was die Anerkennung der Regentschaft Pals I. betrifft. Freiheit, Gleichheit und Solidarität waren die höchsten Werte in Palindromien. Beamtung, Besitzstand oder – wie in anderen Ländern - Parteizugehörigkeit spielten deshalb keine Rolle. Alle Bewohner Palindromiens waren gleichberechtigt. Jeder erhielt aus einem großen gesellschaftlichen Fond jeden Monat einen bestimmten und für alle gleichen Betrag, der notwendig und hinreichend war, um ein Leben in Würde und ohne materielle Not zu führen. Gespeist wurde dieser Fond aus den Erträgen, die jeder mit seinen Werken erbrachte. Da konnte es schon vorkommen, dass von einem Herrn Minister, der dem König lediglich beim Regieren half, so gut wie nichts in den Fond einging, während z. B. Handwerker und Bauern, welche die Früchte ihrer Arbeit im In- und Ausland anbieten durften, ansehnliche Gewinne erzielten, die den Fond immer wieder kräftig aufstockten.

Politische Parteien indes gab es in Palindromien überhaupt nicht. Wozu auch? Vor dem König waren alle gleich, gleich frei und sollten solidarisch zueinander sein. Natürlich gab es auch Kritiker, sogar solche, die gelegentlich vor dem Königspalast aufzogen, ihre Transparente entrollten, auf denen sie etwa forderten, der König solle sich öfter als nur einmal wöchentlich auf dem Balkon des Palastes dem Volke zeigen, oder Ihre Königliche Hoheit, die Königin Palina, möge bei ihrem täglichen Ausritt auch einmal einen Kindergarten mit ihrem Besuch beehren, aber eine organisierte und noch dazu politische Opposition kannten die Palindromier nur aus Berichten, die hin und wieder aus der anderen Welt bei ihnen eintrafen.

So war es möglich geworden, dass neben Minister, Kanzler und Kaplan auch Reporter, Akrobaten, Kassierer, Lehrer und Vertreter anderer Stände bis hin zu – wie wir noch sehen werden – Rentnern und anderen Individualisten zum Wettstreit um die Hand der Prinzessin zugelassen waren.

Nichtsdestotrotz war im politischen Leben Palindromiens nicht alles eitel Sonnenschein. Unter der Oberfläche der aufgeklärten, volksnahen Monarchie mit Pal I. an der Spitze blühten, wie unter anderen Regierungsformen auch, Bürokratie, Korruption, Betrug, Heuchelei, Neid und Missgunst. Sie waren feste Bestandteile des täglichen Lebens der Palindromier, die kaum noch jemand als Missstände wahrnahm, weil die Mehrheit sie für normal und unvermeidlich hielt. Nur vereinzelte Andersdenkende erhoben ab und zu und mit gebotener Vorsicht ihre Stimme, um das unlautere Geschehen auf der politischen Bühne des Landes zu geißeln, jedoch ohne die königliche Herrschaft als solche in Frage zu stellen. Zu ihnen gehörte Aktivist Sivitka. Er focht gerade einen Fall durch, bei dem ein Bäuerlein eine hohe Strafe zahlen sollte, weil er auf seinem Hof eine Ertrag bringende Schweinezucht unterhielt, während der Import von Schweinefleisch aus dem nichtpalindromischen Ausland für die Fleisch verarbeitende Industrie um vieles kostengünstiger war. Der in öffentlichen Angelegenheiten engagierte Aktivist hatte sich zur Teilnahme am Wettstreit um die Hand der Königstochter nur deshalb entschlossen, weil er diese Gelegenheit nutzen wollte, das Königshaus auf Lug und Trug in seinem Reiche aufmerksam zu machen. Anstelle einer Liebeserklärung an die Prinzessin, die er – dem Reglement zufolge – auf den Knien darzubringen hatte, wählte er ein Gedicht von Friedrich von Logau aus dem 17. Jahrhundert über die damalige wie heutige Weltkunst, das er in aufrechter Haltung vortrug:

„Anders sein und anders scheinen,
anders reden, anders meinen,
alles loben, alles tragen,
allen heucheln, stets behagen,
allem Winde Segel geben,
Bös- und Guten dienstbar leben;
Alles Tun und alles Dichten
Bloß auf eignen Nutzen richten:
Wer sich dessen will befleißen,
kann politisch heuer heißen."

Friedrich von Logau war von dem Herzog Ludwig IV. von Schlesien zum Regierungsrat und Hofmarschall ernannt worden, war also durchaus ein Insider der politischen Szenerie und wusste mithin genau, wovon er sprach.

Das Publikum in dem weiten Oval hielt den Atem an. Der Landesverweis schien dem Kandidaten sicher. Prof. Reger suchte mit Blick auf die Königliche Loge vergeblich ein Zeichen des Königs. In der Jury redeten alle durcheinander, als seien sie in einer Talk-Show im Fernsehen.

„Pal, das wirst Du Dir verbitten", forderte die Königin ihren Herrn Gemahl auf. „Das ist eine Verleumdung aller Politiker, gestern, heute und morgen. Sozusagen Majestätsbeleidigung. Der Mann gehört außer Landes!"

Der König indes winkte souverän ab: „Politik, meine Liebe, ist eine Sache der Kanzler und Minister, nicht meine; ich herrsche nur. Was der Kerl da redet, trifft mich nicht." Damit war die Sache für ihn erledigt.

Auch die Prinzessin blieb ruhig. Im Grunde war ihr der Aktivist sympathisch; sie stand mehr auf seiner Seite als auf der Seite derer, die vor ihrem Königlichen Herrn Vater katzbuckelten und hinter seinem Rücken ihre zweifelhaften Geschäfte betrieben. Dennoch war es natürlich unangebracht, die Bühne des Wettstreits zu nutzen, um nicht zu sagen: zu missbrauchen, um die hiesige Politik und die heutigen Politiker anzuprangern. Wenn der Herr Kandidat also statt Liebeswerben politische Propaganda betreibt, so wird sie ihn wohl zurechtweisen und zum Ausdruck bringen müssen, dass es in ihrem Lande solche und solche Untertanen gibt und nicht alle über einen Kamm geschert werden dürfen.

„Mein Herr", sprach sie den Aktivisten an, „nehmen Sie bitte zur Kenntnis, dass Friedrich von Logau, den Sie soeben zitiert haben, sehr wohl um den Unterschied zwischen Landmann und Landsknecht wusste. Hören Sie ihn selbst:

‚Unterscheiden muss man recht
Landesmann und Landesknecht:
Jener muss, wenn dieser will;
jener gibt, nimmt dieser viel,
jener dient, und dieser schafft;
jenes Angst ist dessen Kraft;
dieser raubt die gute Zeit;
jenem bleibt die Seligkeit'."

Aktivist Sivitka blieb ob dieser Zurechtweisung ungerührt. Schließlich hatte er nicht von Landsknechten und Söldnern gesprochen, sondern von Knechten der Politik und vielleicht noch von Bankiers, aber nicht von den kleinen, wie es der Kassierer Eissak einer war.

Da aus der Königlichen Loge kein Einspruch gegen eine Fortsetzung der Prüfung kam, gab Prof. Reger das Zeichen zum Beginn des praktischen Teiles.

Der Kandidat war in den beiden letzten Tagen gedanklich noch einmal die verflossenen drei Wochen durchgegangen. Was seine Vorgänger bisher an Möglichkeiten der Palindromisierung geboten hatten, konnte sich wirklich sehen lassen. Den Typ PER hatten sie mit ein- und mehrstelligen senkrechten repetitiven Sequenzen vorgestellt; im Grunde hatte der Klavierlehrer sogar horizontale repetitive Sequenzen vorgeführt und selbst als Nullkontinuum war er bei dem Minister zu sehen gewesen. Similaritäten hatten sich in Gestalt von Dreiecken und Vierecken präsentiert, wobei die similaren Dreiecke sogar noch identische Zusätze an ihren Ecken haben konnten. Überaus beeindruckend war das mathematische Monster gewesen, dieses durch und durch durchlöcherte Dreieck, das weder Linie noch Fläche war und einen polnischen Namen trug. Wie sollte er aber das einordnen, was der Skilehrer geboten hatte? Er rief sich das Bild noch einmal in Erinnerung: Im Zentrum ein Gebilde, das sich similar zu reproduzieren schien, aber mit einem Faktor, der nur wenig größer war als Eins. Und von ihm ausgehend Linien, ja eigentlich auch eine Art repetitiver Sequenzen, die sich in weitem Bogen um das Zentrum herum krümmten; vielleicht würden sie irgendwann und irgendwo in senkrechte repetitive Sequenzen übergehen, wer weiß? Das Bild, das Lehrer Heliks auf die Bildleinwand projiziert hatte, war von einer ganz eigenartigen Faszination. Aktivist Sivitka nahm sich vor, morgen mit Prof. Radar, einem der beiden Physiker aus der Jury, zu sprechen, ob man sich so vielleicht vorstellen müsse, wie Raum und Zeit sich in der Nähe großer Massen um diese herum krümmen.

Im Grunde hatte jeder Bewerber – wenn man von NATO-Wotan absieht – eine einzigartige und großartige Leistung erbracht, nicht zu vergessen den Akrobaten, der Ababa gar für drei Tage unsichtbar gemacht hatte.

Doch Aktivist Sivitka glaubte auch bemerkt zu haben, dass die Prinzessin bisher nicht habe erkennen lassen, dass sie zu einem der bisherigen Freier eine besondere Zuneigung empfinde, die diesen vor allen anderen auszeichnet.

„Wenn ich auch nicht in das Königliche Haus einzuheiraten gedenke", sagte er sich, „so möchte ich die Prinzessin doch zu einem Muster führen, das noch keiner meiner Mitbewerber erreicht hat. Es soll kein PER, kein SIM und auch kein SIER sein, in welcher Ausführung auch immer."

Vielleicht hatte der Skilehrer ihm den Weg gewiesen? Jedenfalls befand er jetzt, dass dieser im Grunde eine Similarität mit gekrümmten repetitiven Sequenzen vorgeführt habe. Wie wäre es, wenn er, Sivitka, Ababa zu einem Muster führt, das senkrechte repetitive Sequenzen aufweist, jedoch nicht, wie der Typ PER, im Zentrum einen sich identisch und periodisch reproduzierenden Kern zeigt, sondern ein Muster, von dem überhaupt schwer zu sagen wäre, ob und wie es in die bekannten Typen einzuordnen ist: Keine Periode, keine reine Similarität, kein Fraktal, kein Kontinuum, aber auch kein Chaos.

„Ja, was dann sonst?", fragte er sich, um sich in einem Anflug von Eigensinn zu antworten: „Vielleicht auch eine Art gekrümmter repetitiver Sequenzen, aber nicht konvex nach außen gekrümmter, wie bei dem Skilehrer, sondern nach innen gekrümmter!"

Wie das aussehen sollte, wusste er freilich nicht zu sagen. Er musste es einfach probieren. Wenn er am Tage seiner Prüfung in guter Form sein wird und er Ababa gut und sicher führt, wird sich zeigen, was er zustande bringt.

In diesen zwei Ruhetagen kreisten seine Gedanken um einen möglichen Modus, der seiner Idee Gestalt verleihen könnte. Heute nun, am Morgen des dritten Tages, stellte er sich der Jury.

Mit Blick auf den Skilehrer erbat er die Prinzessin im Alter von 32 Lebensjahren. Was den Modus angeht, so erreichte er mit einer Länge von 60 nicht die Vorgabe des Skilehrers. Dafür aber wählte er eine Zykluslänge, die das Vierfache der Moduslänge betrug. Dergestalt festgelegt, entfaltete der Aktivist nun seine Aktivitäten.

Wie es seinen Vorstellungen entsprach, sah man mehrstellige senkrechte repetitive Sequenzen sich bilden, eine nach der anderen. Im Zentrum der Figur aber zeichnete sich ein höchst merkwürdiges Gebilde ab. Linien bogen sich nach innen, zum Zentrum hin; sie umschlossen gleichsam mehrere andere, kleinere, von derselben Art. Das Spiel wiederholte sich sodann, allerdings nicht periodisch, ob similar, war schwer zu sagen, einmal schien es ihm so, das andere mal wieder nicht (Abb. 14).

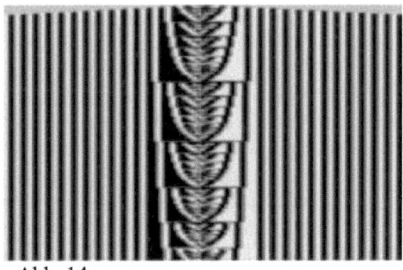

Abb. 14

„Wie eine reife Frucht, die jemand in der Mitte aufgeschnitten hat, so dass das Fruchtinnere zutage liegt", ging es ihm durch den Kopf.

Doch er durfte sich jetzt durch die gefällige Betrachtung dieser neuartigen Struktur nicht ablenken lassen, denn noch war der 400. Zyklus nicht erreicht. Das zumindest hatte er mit dem Skilehrer gemein: Die Vorstellung zog sich bis tief in die Nacht hinein, was bei einer Zykluslänge von 240 wiederum normal war.

Diejenigen Zuschauer, die bis zum Ende des Schauspiels ausgeharrt hatten, spendeten artig Beifall. Der Applaus war jedoch nicht übermäßig. Etwas Neues wird ja in den seltensten Fällen bei seinem ersten Erscheinen schon akzeptiert. Aktivist Sivitka hatte zwar auf mehr Begeisterung beim Publikum gehofft, doch wollte er sich mit dessen Reaktion durchaus abfinden, wenn nur die Prinzessin ihre gemeinsame Leistung würdigen wollte.

Ababa wirkte müde und abgespannt. Die ungewöhnlichen Erlebnisse im Zentrum der Figur hatten sichtlich an ihren Kräften gezehrt. Die senkrechten, mehrstelligen, repetitiven Sequenzen aber, die das zentrale Gebilde links und rechts umgaben, hatten ein Gefühl der Eintönigkeit in ihr hervorgerufen. Als der Aktivist ihr bedeutete, die Vorstellung sei nun zu

Ende, nickte sie freundlich, schlug in die Hand ein, die er ihr entgegenstreckte, und ging schlafen.

Sivitka sah gerade noch, wie der König den Daumen nach oben hob, und hörte gerade noch, wie der Juryvorsitzende erklärte, er habe die Prüfung bestanden, als er, kaum in der Herberge der Freier angekommen, ebenfalls in einen tiefen Schlaf fiel.

*

Der gesellschaftliche Fonds beschäftigte viele Mitarbeiter. Es waren zumeist Verwaltungs-angestellte, auch einige wissenschaftliche Mitarbeiter waren darunter. Als Leiter der Abteilung für besondere Angelegenheiten fungierte ein gewisser *Genosse Jessoneg*. Wie im gesellschaftlichen Fonds allgemein bekannt war, gehörte er einem geheimen, aus dem Ausland finanzierten Orden an, der seine Mitglieder zu strenger militärischer Zucht und Ordnung verpflichtete. Jedes Wochenende mussten die Ordensbrüder – die „Genossen", wie sie sich untereinander nannten – an einem geheimen Ort, der zudem von Woche zu Woche wechselte, lernen, sich in Reih und Glied zu bewegen, mussten Marschordnungen üben und körperliche Ertüchtigung vielfältiger Art betreiben. Genosse Jessoneg war Junggeselle und träumte davon, manches Wochenende auch im Kreise einer Familie, umgeben von Frau und Kindern, zu verbringen. Er stellte sich vor, wie es wäre, wenn er, anstatt zu marschieren, einfach nur spazieren gehen könnte, wenn er sich dösend in die Sonne legen oder auf einer Bank im Park sitzen könnte, um die Spatzen mit Brotkrumen zu füttern.

Als daher das Königliche Dekret erging und als Preis für hohe literarische und palindromische Meisterschaft die Gunst der Prinzessin verheißen war, hatte Genosse Jessoneg beschlossen, sein Glück auf die Probe zu stellen. Überdies barg er in der Tiefe seines Herzens die Hoffnung, dass er durch die zu gewinnende Macht über ganz Palindromien den Riten des Ordens entsagen könnte, ohne befürchten zu müssen, den in solchen Fällen üblichen Repressalien zu verfallen. Sein Flehen um Liebe dürfte aber kaum erhört werden, denn die Prinzessin, so befürchtete er, strebte nach höheren Werten als er sie repräsentierte.

Für seinen Vortrag hatte er ein Liebesgedicht Paul Flemings gewählt, das er gleich hoch schätzte wie dessen politische Gedichte, in denen er die kriegerischen Verwüstungen seines Landes in der ersten Hälfte des 17. Jahrhunderts beklagt:

> „Wenn du mich könntest lieben,
>   o du mein Ich,
>   gleich wie ich dich,
>   so wär' ich ohn Betrüben.
> Dass du mich aber nicht hältst wert,
> das ists, das mich so sehr beschwert."

Das Publikum, die Jury und die Königliche Loge warteten gemeinsam, was die Prinzessin dem Genossen antworten werde.

Doch Ababa schwieg. Kannte sie etwa Fleming nicht, oder bot sein Schaffen ihr keinen Ansatzpunkt, um die Werbung des Ordensbruders abzuwehren?

Der Kandidat, vor ihr auf den Knien, blickte zu ihr empor. Warum würdigte sie ihn keines Wortes? War er nicht einmal eine Antwort wert? Die Genossen, die seine Teilnahme am Wettstreit ohnehin mit Argwohn sahen, würden über ihn lachen, wie er vor der Prinzessin kniet und um ein Wort von ihr bettelt. In seiner Not greift er zur höchsten Instanz, die er in Sachen Liebe kennt, zum Hohelied Salomos und leiht sich aus ihm die Bitte:

> „Die du wohnest in den Gärten,
> lass mich deine Stimme hören;
> die Genossen merken drauf."

Da endlich spricht die Prinzessin. Es sind Worte des Trostes, den sie ihm gewährt, Worte, die ihn aufrichten sollen aus seiner Verzweiflung, dass sie seine Liebe nicht erwidern kann. Worte, die ihn auf sich selbst und seine Meisterschaft verweisen:

> „Sei dennoch unverzagt, gib dennoch unverloren,
> weich keinem Glücke nicht, steh höher als der Neid,
> vergnüge dich an dir und acht es für kein Leid,
> hat sich gleich wider dich Glück, Ort und Zeit verschworen.
>
> Was dich betrübt und labt, halt alles für erkoren,
> nimm dein Verhängnis an, lass alles unbereut.
> Tu, was getan muss sein, und eh man dirs gebeut.
> Was du noch hoffen kannst, das wird noch stets geboren.
>
> Was klagt, was lobt man doch? Sein Unglück und sein Glücke
> ist ihm ein jeder selbst. Schau alle Sachen an,
> dies alles ist in dir. Lass deinen eiteln Wahn,
> und eh du förder gehst, so geh in dich zurücke.
> Wer sein selbst Meister ist und sich beherrschen kann,
> dem ist die weite Welt und alles untertan."

Und zum Beweise seiner Meisterschaft möge er doch sogleich der Welt vorführen, auf welche hohen Palindromisierungskünste er sich berufen kann.

Genosse Jessoneg hatte als Bewerber in der Herberge der Freier schon die dritte Woche geduldig gewartet, dass der Ruf auch an ihn erginge. Er stellte sich vor, wie er Ababa in schönster Ordnung palindromisieren wollte. Das Ordnungsdenken war ihm von Kindheit an anerzogen worden. „Law and Order" waren ihm schon immer als die ehernen Säulen des gesellschaftlichen Miteinanders erschienen. Daran änderten auch seine Träume von ordensfreien Wochenenden, von Frau und Kindern nichts. Alles, was er dachte, musste Ordnung aufweisen, in Reih und Glied daherkommen. Chaotisches Durcheinander galt ihm schon von den geringfügigsten Anfängen her als ein schlimmes, verabscheuungswürdiges Vergehen.

Seine Vorstellungen, wie er die Prinzessin palindromisieren wollte, gingen denn auch in die Richtung, welche Art von Ordnung er mit ihr erzeugen wollte. Gewiss, die bisher vorgeführten Strukturtypen waren alle nicht ohne Ordnung gewesen; selbst der von NATO-Wotan hatte anfänglich noch einzelne Inseln der Ordnung enthalten. Doch andererseits war in ihnen auch immer Bewegung, periodische oder similare. Der Typ SIER kam der festen Ordnung, in der alle Bewegung eingefroren ist, zwar am nächsten, und doch: Es handelte sich bei ihm um eine nur selbstähnliche Struktur, nicht um eine, deren Elemente alle gleich sind, egal, auf welcher Ebene der Struktur sie sich befinden. Diesem und nur diesem Ideal größter und schönster Ordnung wollte er mit der Prinzessin nachstreben: Strukturen, Gebilde, eines wie das andere, die in strenger Ordnung, in Reih und Glied, wie die Genossen an den Wochenenden, daherkommen.

Er wusste also, was er wollte. Und es sei ihm bescheinigt, dass er sein Ziel auch tatsächlich erreichte.

Ababa folgte getreulich dem Modus, den er vorgab. Zunächst schien es, als wollte das Ergebnis sich gar nicht den Intentionen des Genossen Jessoneg fügen. Ein in sich strukturloses Gebilde, ohne jede innere Ordnung, zeichnete sich auf der großen Bildleinwand ab. Doch genau das war seine Absicht: Er wollte dem Publikum zeigen, nicht wie Chaos in Ordnung übergeht, das hatten alle während der Vorführung von Kassierer Eissak und selbst von Akrobat Aborka erleben können, auch nicht, wie Ordnung in Chaos übergeht, was dem NATO-Wotan passiert war, sondern wie in sich chaotische Strukturen sich selbst zu einer strengen Ordnung organisieren. Organisiertes Chaos sozusagen (Abb. 15).

Abb. 15

Die Jury würdigte diese Leistung des Genossen Jessoneg, indem sie die Tribüne zur Diskussion freigab. Die beiden Physiker nämlich und Frau Prof. Nire Kina Grona, die Anorganikerin, neigten dazu, in dem Bild eine Gitterstruktur zu sehen, ein Kristallgitter etwa, in dem die Atome oder Moleküle eines Stoffes in eben solch strenger Weise angeordnet sind. Das Fräulein Dr. Lieseseil erinnerte das Bild hingegen an manche Zeichnung von Maurits Escher, besonders an solche, die er mit „Symmetrie" überschrieben hatte.

Einer der Zuschauer, er gab der Jury seinen Namen mit „Schrader" an, wollte von Genossen Jessoneg wissen, warum er die Elemente seiner so überaus geordneten Gitterstruktur nicht ebenso geordnet gewählt hatte, wie die ganze Struktur. In dem Bild sah er ein Zugeständnis an das Chaos, das man von einem Genossen nicht erwartet hätte. Er verstieg sich zu scharfen Anschuldigungen des Freiers, die nur denen verständlich waren, die selbst Mitglieder des geheimen Ordens waren. Genosse Jessoneg sah keinen anderen Ausweg, die Angriffe zu parieren, als den Namen des Diskutanten umzukehren und ihn in dieser Form auszuspeien: „Red-Arsch!"

Der Prinzessin war es währenddessen in der eingeschnürten Ordnung eng geworden. Sie atmete auf, als sie nach der Präsentation wieder sie selbst sein durfte.

Pal I. enthielt sich jeder inhaltlichen Wertung und Interpretation und hob nur müde den Daumen der rechten Hand.

*

Aus einem entfernten Landesteil Palindromiens war ein Freier angereist, der sich bei seinen Mitbewerbern wie auch bei weiten Teilen des Publikums fataler Beliebtheit erfreute. An denjenigen Tagen, an denen keine Präsentationen stattfanden, sah man ihn gewöhnlich mit einer Gruppe von Gleichgesinnten durch die Straßen der Hauptstadt ziehen. Der Zug wälzte sich dann mit schöner Regelmäßigkeit dem Casino „Zum durstigen Palindrom" zu. Dort gab man sich reichlich dem Bier hin. Um genauer zu sein: dem Freibier. Denn der große Unbekannte, von dem man nur wusste, dass er Fred hieß, tränkte die ganze Gesellschaft auf seine Rechnung. Es ging das Gerücht um, er habe früher einige Jahre außerhalb der Grenzen Palindromiens zugebracht und dort – wie die einen sagten – bei der berühmten Fußballmannschaft „Aviva 666" für 11 Millionen dortiger Währung unter Vertrag gestanden, oder – wie andere zu wissen glaubten – eine Bank gegründet, die er dann selbst ausgeraubt und mit deren Millionen er sich nach Palindromien abgesetzt habe. Doch nichts Genaues wusste man, das einzig Sichere war, dass er jedesmal, wenn er mit einer Truppe im Casino einfiel, seinen Begleitern den ganzen Abend über Freibier spendete. Für die Leute in der Stadt war er deshalb „Der Freibier-Fred".

Fred hatte im vergangenen Halbjahr einen kostspieligen Wahlkampf betrieben. Er hatte sich um den Posten eines königlichen Schatzmeisters beworben, der alle fünf Jahre ausgeschrieben und dessen Inhaber in geheimer Wahl von den Bewohnern Palindromiens direkt gewählt wird. Am Wahltag war jedoch ruchbar geworden, dass es ihm gelungen war, einige Mitglieder der Wahlkommission zu bestechen und sie zu veranlassen, gegnerische Stimmzettel für ungültig zu erklären. Nach diesem Skandal hatte er seine Kandidatur zurückgezogen und kurz darauf sich als Bewerber im Wettstreit der Freier eingetragen.

Der Freibier-Fred traf sich im Casino ausschließlich mit Freunden und Verehrern. Mädchen und Frauen mied er gewöhnlich. Doch bei Ababa machte er eine Ausnahme. Die Aussicht, als Schwiegersohn des Königs ganz Palindromien erben zu können mit all den Schätzen, die es barg, ließ ihn den Skandal um den Posten eines Schatzmeisters vergessen. Und die Prinzessin als Zugabe zum Königreich war schließlich auch nicht zu verachten.

Die Literatur und der Minnesang waren nicht gerade seine Stärken. Allzu tief in die Geschichte zu blicken war ihm nicht gegeben. Bis Heinrich Heine im 19. Jahrhundert reichte es aber.

Noch immer gegen die Folgen des gestrigen Freibier-Gelages ankämpfend, trat er vor die Prinzessin und sprach mit schwerer Zunge:

> „O, mein gnädiges Fräulein, erlaubt
> Mir kranken Sohn der Musen,
> Dass schlummernd ruhe mein Sängerhaupt
> Auf eurem Schwanenbusen!"

Aus der Königlichen Loge ertönte ein Aufschrei; die Königin schien einer Ohnmacht nahe. Fräulein Dr. Lieseseil auf der Jury-Bank stand das blanke Entsetzen im Gesicht geschrieben; sie verbarg sich vorsorglich hinter dem breiten Rücken von Prof. Salamander. Die gestrigen Freibier-Brüder auf dem Platz grölten und johlten; sie skandierten im Chor „Auf eurem Schwanenbusen! Auf eurem Schwanenbusen!" und drängten auf die Bühne.

In den allgemeinen Tumult hinein rief Ababa laut, dass es alle hören konnten:

„Mein Herr! wie können Sie es wagen,
Mir so was in Gesellschaft zu sagen?"

Das Urteil schien gesprochen: Auf ewig des Landes verwiesen! Schon besah sich Pal I. seinen Daumen, indes noch unschlüssig, in welche Richtung er ihn drehen sollte, denn der Freibier-Fred im Lande hielt die Leute doch in Stimmung. Und da war noch diese Feinheit in Ababas Entgegnung, die ihm nicht entgangen war. Sie verbat sich, dass man ihr so was „in Gesellschaft" sagt. Aber privat? Im stillen Kämmerlein? Hegte sie vielleicht doch ein Fünkchen Sympathie für den Luftikus?

Von den Rängen der Freibier-Fans schallte es inzwischen lautstark über das weite Oval zum König herüber:
„Gib ihm noch'ne Chance!
Gib ihm noch'ne Chance!"

Und Pal gab dem Drängen nach, und es war ihm dabei gar nicht schwer ums Herz. Er überlegte nur noch, wie die Chance beschaffen sein sollte, die er dem ungehörigen Kandidaten gewährt. Gab er ihm nach diesem skandalösen Auftritt die Chance, den zweiten Teil der Prüfung zu absolvieren, den technischen, und bestand er auch den nicht, so hatte er seinen Aufenthalt in Palindromien endgültig verwirkt. Räumte er ihm aber die Chance ein, die verbale Prüfung zu wiederholen, so bestand immerhin die Möglichkeit, dass alles zu einem guten Ende käme und man den Freibier-Fred im Lande behalte. Sein Entschluss stand also fest, und nachdem auch der Vorsitzende der Jury sich des Königlichen Spruches versichert hatte, verkündete er unter dem frenetischen Jubel der Fan-Gemeinde, die Königlichen Hoheiten, Pal I. und Königin Palina, hätten sich in Ihrer unendlichen Weisheit und Güte entschlossen, dem Kandidaten eine zweite Chance zum literarischen Vortrag zu geben. Allerdings sei es Bedingung, dass er denselben Dichter wähle wie soeben.

Nichts besseres hätte Freibier-Fred widerfahren können. Bei Heine kannte er sich einigermaßen aus. Auch hatte der Tumult um den Schwanenbusen ihn etwas ernüchtert. Nach einigem Nachdenken zitierte er denn betont artig:

„Die du bist so schön und rein,
Wunnevolles Magedein,
Deinem Dienste ganz allein
Möcht' ich wohl mein Leben weihn.

Deine süßen Äugelein
Glänzen mild wie Mondesschein;
Helle Rosenlichter streun
Deine roten Wängelein.

Und aus deinem Mündchen klein
Blinkt's hervor wie Perlenreihn;
Doch den schönsten Edelstein
Hegt dein stiller Busenschrein.

Fromme Minne mag es sein,
Was mir drang ins Herz hinein,
Als ich weiland schaute dein,
Wunnevolles Magedein!"

„Er kann es doch nicht lassen. Ohne Busen läuft bei ihm einfach nichts", bekrittelte den Auftritt Prof. Radar auf der Jury-Bank. Pal I. sah die Sache indes wieder einmal gelassen:

„Hast Du gehört, meine Lieblichkeit", fragte er die Frau Gemahlin, „wie er von frommer Minne spricht, von Mondesschein und Perlenreihn? Ist das nicht Musik in Deinen Ohren?"

Palina wollte sich in dieser Frage nicht festlegen, sah aber auch keinen dringenden Bedarf mehr, die Prüfung abzubrechen. Entscheidend würde sein, wie Ababa selbst auf die Werbung reagiert.

Der Zorn der Prinzessin über die nicht standesgemäße Anrede im ersten Versuch von Freibier-Fred war, da der Kandidat die zweite Chance wesentlich besser zu nutzen verstand, schon fast verflogen. Heines „Buch der Lieder" half ihr, die passende Antwort zu finden:

> „Nicht bebt, nicht pocht wohl meine Brust,
> Die ist wie Eis so kalt;
> Doch kenn' auch ich der Liebe Lust,
> Der Liebe Allgewalt.

> Mir blüht kein Rot auf Mund und Wang',
> Mein Herz durchströmt kein Blut;
> Doch sträube dich nicht schaudernd bang,
> Ich bin dir hold und gut."

Auf den Rängen brauste der Beifall auf. Er galt einerseits dem Verweis, den Ababa dem Kandidaten erteilte, indem sie erklärte, ihre Brust bebe und poche keineswegs, wenn er ihr einen Antrag macht, und andererseits versicherte, sie sei ihm hold und gut.

Was wollte Freibier-Fred mehr? Sein Daueraufenthalt in Palindromien war zur Hälfte gesichert. Jetzt stand ihm nur noch der Praxis-Test bevor. Um den war ihm aber gar nicht bange. Er hatte zwar einige Jahre im Ausland zugebracht, aber die gängigen Palindromisie-rungspraktiken, die er schon als Kind gelernt hatte, beherrschte er noch immer ganz exzellent. Anders sah es mit der Theorie aus. Die theoretische Grundlegung der Palindromik war nicht gerade seine Stärke. Er behandelte sie vornehmlich als ein experimentelles Feld. In Vorbereitung auf seinen Auftritt im Wettstreit der Freier hatte er deshalb einen guten Freund, von dem er wusste, daß ihm Theorie und Praxis der Palindromisierung gleich teuer waren, eine hohe Summe versprochen, wenn er ihm einen Modus konstruiert, mit dem er des Königs Erbe antreten kann.

Ganz im Vertrauen auf den Freund und den Modus stellte er sich jetzt den Fragen und Weisungen der Jury:

„Nehmen Sie bitte an Tisch und Laptop Platz."

„In welchem Alter begehren Sie, die Prinzessin zu palindromisieren?"

„Welchen Modus und welche Zykluslänge haben Sie gewählt?"

Er beantwortete alle Fragen mit gebotener Zurückhaltung, ja fast Unterwürfigkeit.

Schon nach den ersten zehn Zyklen zeigte sich, dass der Freund ihn nicht enttäuschen würde. Wieder entstanden Dreiecke, die sich similar vergrößerten. Verglichen mit denen, die der Kanzler und der Kassierer zustande gebracht hatten, waren sie indes eher deren Gegenteil. Zeigten jene mit der Spitze nach unten, so wiesen die Spitzen der jetzigen Dreiecke nach oben. Jede Spitze entsprang in der Mitte der Grundlinie desjenigen Dreiecks, das über ihr lag. Fred war über dieses Ergebnis sehr erfreut, denn soviel verstand er immerhin von Palindromik, dass er eine neue Version von Similarität vor sich hatte, zu der keiner der bisherigen Freier vorgedrungen war (Abb. 16).

Abb. 16

Auffällig an dieser Struktur war jedoch, dass sie ungewöhnlich schlank war. Das mochte er nun gar nicht. Einige seiner Freunde meinten zwar, Ababa sei auf diese Weise zu einem anmutig graziösen Wesen geworden, doch Fred hielt es mit dem Bekenntnis von Mephisto: „Am meisten lieb' ich mir die vollen, frischen Wangen." Sein Freund hätte ihn doch besser kennen müssen, fand er. Was sollte ihm die Prinzessin in dieser mageren Version? Etwas molliger wäre sie ihm ohne Zweifel lieber. Mit Schwanenbusen etwa.

Der im Publikum weilende Freund, der Autor des Modus, hatte bemerkt, wie Fred zögerte, sein Produkt schon als vollendet der Jury zu übergeben. Und er kannte ihn wirklich gut genug, um zu verstehen, dass ihm dieses Wesen zu schlank, zu mager, einfach zu dürr war. Mit der Hand deutete er – vorsichtig, damit niemand Verdacht schöpft – auf die Tafel, die auf der Bühne den laufenden Modus und die Zykluslänge anzeigte. Als Fred das Zeichen erkannte, zeigte der Freund auf die Zykluslänge. Schließlich wollte er auf den von Fred im Falle seines Triumphes ausgesetzten Preis nicht verzichten.

Der Freibier-Fred hatte verstanden. Ja, natürlich, er musste die Zykluslänge erhöhen, dann würde die Figur breiter und fülliger!

„Ich werde jetzt die Zykluslänge auf das 16-fache erhöhen", wandte er sich der Jury zu.

Die Damen und Herren erhoben ihre Köpfe. Hatten sie richtig gehört? Der Bewerber wollte inmitten der Prüfung das Reglement verändern?

„Mein Herr, was Sie da verlangen, läuft darauf hinaus, ihnen eine dritte Chance einzuräumen, nachdem Sie bei der zweiten nur dieses dünne Etwas zustande gebracht haben", fand Prof. Ibn Sin Usunis endlich für die ganze Jury die Sprache wieder.

Noch nie hatte ein Bewerber derart Ungeheuerliches verlangt. Der Vorsitzende blickte hinüber zur königlichen Loge, ob Seine Majestät vielleicht den Daumen gesenkt hätte. Pal I. saß jedoch ganz ruhig auf seinem Throne und harrte der Dinge, die da kommen würden.

Und es kam, wie es kommen musste. Der Freibier-Fred bat denn auch wenigstens um eine kurze Pause, die ihm großzügig gewährt wurde. Er nutzte sie, um mit dem Vorsitzenden der Jury ein Gespräch unter vier Augen zu führen. Kein Reporter und kein Bewohner Palindromiens, nicht einmal   König und Königin haben je erfahren, was die beiden miteinander besprochen haben. Natürlich waren diesbezüglich später Gerüchte in Umlauf und unerhörte Summen wurden genannt, doch Genaueres wusste niemand. Fakt war lediglich, dass nach der kurzen Pause der Vorsitzende den einmütigen Beschluss der Jury verkündete, dem Bewerber die Möglichkeit zu geben, die Zykluslänge zu erhöhen.

Der Freibier-Fred bedankte sich und setzte mit Ababa zur neuen Runde an. Diesmal erschien die Prinzessin gleich um vieles fülliger. Ein molliges Wesen bildete sich aus (Abb. 17).

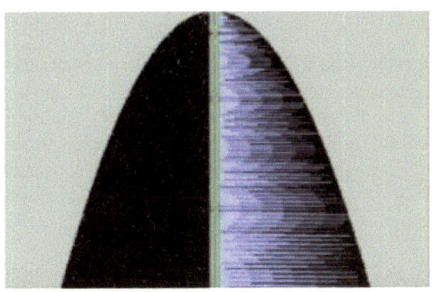

Abb. 17

„Haha", brach Fred in ein geradezu mephistophelisches Lachen aus, „das lob ich mir nun wirklich!"

Durch das Publikum ging indes ein Raunen, zunächst leise, dann immer lauter, und Rufe ertönten:

„Wo sind die Dreiecke geblieben?"

Nun sahen auch Fred, die Jury und das Königspaar die wundersame Verwandlung, die mit Ababa vor sich gegangen war. In der neuen Figur, die ja immer noch die alte war, nur dass jetzt statt jedes 23-ten nur noch jedes 368-te Palindromisierungsergebnis angezeigt wurde, waren die similaren Dreiecke verschwunden, und an ihrer Stelle waren Gebilde getreten, die wie Ellipsen aussahen! Eine Ebene mit solchen Ellipsen folgte auf die andere, und zwar so, wie früher die Dreiecke: similar.

Neu war auch, dass die oberste Ebene von einer einzigen Ellipse ausgefüllt wurde, während auf der zweiten Ebene zwei Ellipsen ineinander geschachtelt waren, auf der dritten drei und so fort.

Aus der einen Art von Similarität war so eine andere geworden. Unter der Folge similarer Dreiecke bei einer Zykluslänge, die gleich der Moduslänge war, verbarg sich bei einer Zykluslänge, die das 16-fache der Moduslänge ausmachte, eine Folge similarer und ineinander geschachtelter Ellipsen! Der Freibier-Fred, dem das Geschäft mit Patenten nicht fremd war, beantragte bei der Jury sofort, dass dieser Strukturtyp eine „Verborgene Similarität", eine „Hidden Similarity", kurz ein „HSIM" genannt werden solle und er das Patent auf ihre Herstellung zuerkannt bekommen müsse.

Nachdem sich das allgemeine Staunen im Publikum und bei der Jury gelegt hatte, verkündete Prof. Reger, dass dem Ersuchen des Freiers, den von ihm entdeckten Strukturtyp „HSIM" zu nennen, stattgegeben werde. Was das Patent betrifft, so könne es freilich nicht erteilt werden, weil an der Herstellung dieser Struktur die Prinzessin höchstselbst beteiligt war. Als Spross des königlichen Geschlechts könne diese zwar Patente erteilen, sie aber nicht sich selbst zuerkennen. Der ehrenhafte Herr Freier habe aber nach Meinung der Jury die Prüfung mit Auszeichnung bestanden, wenn auch das letzte Wort in dieser Sache die Prinzessin zu gegebener Zeit selbst sprechen werde.

Des Königs erhobener Daumen besiegelte diesen Beschluss.

*

In der Herberge der Freier bewohnte das Zimmer Nr. 11 ein gut aussehender Herr mittleren Alters, *Herr Reh*. Er zeigte schon etwas schütteres Haar, trug eine goldumrahmte Brille und hielt sich meist nur zu den Essenszeiten außerhalb seines Zimmers auf. Die meiste Zeit verbrachte er damit, sich auf seinen Auftritt in dem Wettstreit vorzubereiten, indem er die empfohlene mittelalterliche Literatur, die Bibel und das soeben erschienene „Lehrbuch der Strukturbildung durch Palindromisierung" von *Roger Gregor*, einer international anerkannten Kapazität auf diesem Gebiet, studierte.

Noch viele andere dicke Bücher füllten das Zimmer bis zur Decke aus. Die meisten davon waren Wörterbücher, denn Herr Reh erbrachte für sein Land gesellschaftlichen Nutzen mit Übersetzungen literarischer und anderer geschriebener Produkte aus fremden Sprachen in das Palindromische und umgekehrt. Er hatte sich auf fernöstliche Sprachen spezialisiert, auf Chinesisch, Japanisch und Koreanisch. Besonders das Chinesische war in der letzten Zeit sehr gefragt. Das lag daran, dass seit dem Abdanken des letzten Kaisers von China die Geschäfts- und Handelsbeziehungen zwischen diesem Land, dem Heimatland der Prinzessin Turandot, und Palindromien, in dem Ababa zu Hause ist, sich zum Wohle beider Seiten intensiviert hatten, so dass viele Produktbeschreibungen in beiden Sprachen vorgenommen werden mussten. Auch die wissenschaftliche Zusammenarbeit hatte sich gut entwickelt, so dass Herr Reh nicht über einen Mangel an Aufträgen zur Übersetzung wissenschaftlicher Werke aus der einen in die jeweils andere Sprache zu klagen hatte.

Zu dem Wettstreit war er angetreten, weil die Geschichte der Prinzessin Turandot und das Schicksal ihrer Freier ihn zutiefst bewegt hatte und er seinem Schöpfer dankbar war, dass man sich in Palindromien um die Prinzessin Ababa bewerben konnte, ohne um sein Leben fürchten zu müssen.

Nun erhielt auch er die Chance zu zeigen, wie er vermag, Ababa Glanz und Würde zu verleihen. Der Ruf überraschte ihn ein wenig, denn er war mit seinen Vorbereitungen noch nicht so weit fortgeschritten, wie es sich für seinen Auftritt vorstellte. Wohl oder übel musste er der Aufforderung jedoch Folge leisten. In ein weites, kimonoartiges Gewand aus bester Seide gehüllt betrat er die Bühne, warf einen dankbaren Blick in Richtung der königlichen Loge und verbeugte sich nach allen Seiten.

Lange hatte er darüber gegrübelt, welchen literarischen Vortrag er der Prinzessin darbieten könnte. Das Hohelied Salomos bot sich in jenen seiner Passagen an, in denen die Freundin ihren Freund als Reh und jungen Hirsch preist, und er seinerseits von ihren Brüsten sagt, sie seien „wie zwei Rehzwillinge". Doch das Hohelied hatte der Kaplan schon bemüht, und Herr Reh mochte ihm nichts nachbeten. Überdies hatte das Fiasko, welches der Freibier-Fred am

Vortage mit dem Schwanenbusen erlitten hatte, ihn gelehrt, von derartigen Vergleichen lieber Abstand zu nehmen. An den Abenden nach den Präsentationen las er einen Troubadur nach dem anderen, vornehmlich deutsche und französische, und das aus drei Jahrhunderten. Schließlich fiel seine Wahl auf eine Kanzone von der schmerzlichen Liebe des Folquet de Marseille, der einst zur vierten bekannten Troubadurgeneration in Frankreich gehörte. Das Lied endet traurig: Der Sänger möchte vor Kummer und Leid sterben. Doch gibt es in ihm eine Strophe, die ihm geeignet erschien, sie der Prinzessin werbend vorzutragen. Hier ist sie:

> „Da Minne so mich ehren mag,
> dass stets ich Euch im Herzen trag,
> so lasst dies Herz in Flammen nicht vergehn,
> hört auf mein Flehn,
> sonst droht Euch mehr Gefahr als mir;
> denn da in meinem Herzen, Herrin, Ihr,
> muss alle Pein,
> die ihm geschieht, auch Eure sein.
> Macht denn mit meinem Leib, was Euch gefällt,
> doch hütet wohl das Herz, das Euch enthält."

Gewiss, in den Zeilen schwang die leise Drohung, dass aller Schmerz und alle Pein, die er erleidet, auch die ihren sein werden, und der Groll, dass die Herrin sein Flehen nicht erhören könnte, doch Herr Reh war zuversichtlich, dass die Prinzessin dafür Verständnis haben werde.

So wagte er es denn und trug der Prinzessin die Kanzone vor.

Die Königin erbat Auskunft von dem Herrn Dekan, worum es sich wohl handele. Doch dieser zuckte mit den Achseln. Immerhin vermutete er 12. Jahrhundert, was Ababa ihm von den Lippen ablas. Den einzigen Troubadur, den sie aus dieser Zeit in Frankreich kannte, war Beatritz de Dia, und die war eine Frau! Also um so besser! Warum auf die Kanzone von der schmerzlichen Liebe des Herrn Marseille nicht mit der Kanzone von der verratenen Liebe der Beatritz de Dia antworten? Sie rief sie sich ins Gedächtnis und wählte die letzte Strophe:

> „Auch mich mag Rang und Abkunft reich beschenken
> und Schönheit und noch mehr getreues Denken;
> wohin Ihr drum auch mögt die Schritte lenken,
> ich send dies Lied zu Euch, es sei mein Bote.
> Vieledler Freund, zu wissen hätt ich Lust,
> was Euch zu solchem wilden Groll verrohte,
> ob Stolz, ob Bosheit – mir ist's nicht bewusst."

Der Dekan der Literaturwissenschaftlichen Fakultät war der erste, der ihr für diese gelungene Antwort Beifall spendete. Die Mitglieder der Jury schlossen sich folgsam an. In der Königlichen Loge herrschte Schweigen. Und von den Rängen war hier und da zögernder Applaus zu hören.

Wie auch immer, Herr Reh hatte die Aufgabe erfüllt und die Prüfung bestanden. Doch nach der Pflicht kam jetzt die Kür: Er durfte das Alter der Prinzessin, den Modus und Zykluslänge für die durch Palindromisierung zu erzeugende Gestalt der Prinzessin frei wählen.

Das von ihm gewünschte Alter der Prinzessin gab er mit 19 an. Als Modus erbat er $m = s_2a_2s_2(a_2s_1)_2(a_1s_1)_{21}s_2(56)$ bei einer Zykluslänge, die gleich der Moduslänge sein sollte.

Nach einigen anfänglichen Unsicherheiten, an die das Publikum sich inzwischen gewöhnt hatte, weil sie bei fast allen Freiern auftraten, bot sich auf der Breitleinwand ein Bild, das bisher keiner der Kandidaten erzielt hatte. Es schien vom Typ PER zu sein, denn im Zentrum verlief ein sich identisch und periodisch reproduzierender Kern. Links und rechts von ihm lagerten jedoch keine repetitiven Sequenzen, sondern über beide Hälften waren sonderbare Gebilde gleichsam chaotisch verteilt. Sie hätten irgendwelche unbekannten Symbole oder Hieroglyphen sein können, waren jedoch von so miniaturhaften Ausmaßen, dass nicht zu erkennen war, welcher oder welchen Sprachen sie zugehörig waren (Abb. 18).

Abb. 18

Die Mehrheit der Jurymitglieder tippte auf Chinesisch, schließlich war diese Sprache die Spezialität des Freiers. Fräulein Dr. Lieseseil, die auch in der Geschichte fernöstlicher Kulturen gut bewandert war, gab jedoch zu bedenken, dass einige der geheimnisvollen Zeichen eher Buchstaben seien. So glaubte sie, ein B und ein K und ein R in dem Gewimmel erkennen zu können, aber nicht alle Mitglieder der Jury vermochten ihr hierin zu folgen. Man beschloss, den Kandidaten selbst zu befragen, damit dieser sein Werk interpretiere.

Herr Reh war ehrlich genug zu gestehen, dass er von dem Ergebnis selbst überrascht sei.

„Ein solches Hieroglyphenchaos ist mir in meiner ganzen Praxis noch nicht vorgekommen", bekannte er auf die Frage von Prof. Reger, welchem Typ man die Prinzessin in dieser Gestalt wohl zuordnen müsse.

Hier schaltete sich eines der drei Mitglieder der Fakultät für Palindromik, Dr. *Torfrot*, ein und erklärte:

„Einerseits weist das Gebilde das Grundmerkmal des Typs PER auf, nämlich einen Kern, der räumlich und zeitlich invariant ist."

Dieser Sprachgebrauch war für Fräulein Lieseseil ungewöhnlich und deshalb unverständlich; sie schaute verlegen in die Runde. Prof. Ibn Sin Usunis bedeutete ihr jedoch, dass dies ziemlich das gleiche bedeute, wie dass sich der Kern identisch und periodisch reproduziere.

„Andererseits", fuhr Dr. Torfrot fort, „hat die Struktur keine repetitiven Sequenzen, weder einstellige noch mehrstellige, weder senkrechte noch schräge, und auch keine doppelt repetitiven oder multiplen, doch, Pardon, ich will mich nicht in Einzelheiten des Typs PER verlieren. Tatsache jedenfalls ist, dass dieses Gebilde sowohl vom Typ PER als auch nicht vom Typ PER ist."

Ungeachtet dieser grundlegenden Erkenntnis hielt es Prof. Reger für wünschenswert, weitere Aufklärung über dieses Phänomen zu erhalten und wandte sich an den Freier:

„Lieber Herr Reh, Sie sagen, ein solches Hieroglyphenchaos sei Ihnen noch nie begegnet. Dürfen wir daraus schließen, dass es dem Typ Chaos zuzuordnen sei? Dieser Fall wäre für Ihr weiteres Schicksal natürlich fatal."

Herr Reh wurde blass. „Aber nein, Herr Vorsitzender", lenkte er sofort ein. „Zum Typ Chaos kann die Struktur schon deshalb nicht gehören, weil sie doch einen Kern hat. Etwas Hieroglyphenhaftes steckt in ihr, das mich an mein geliebtes Chinesisch erinnert. Doch ich kann keines der mir bekannten chinesischen Schriftzeichen deutlich in ihr erkennen. An lateinischen Buchstaben, die das verehrte Fräulein Dr. Lieseseil zu sehen meint, glaube ich noch weniger. Sie könnten mich fragen, ob es sich möglicherweise um koreanische Zeichen handelt. Auch das ist nicht ausgeschlossen, denn die koreanische Schriftsprache bedient sich zwar diverser Zeichen, ist aber in Wirklichkeit eine Buchstabensprache, noch dazu mit einer ganz einfachen Grammatik. Mit einiger Anstrengung könnten Sie koreanisch in ganz kurzer Zeit erlernen, ich schätze etwa in ...".

„Herr Reh, ich muss Sie sehr bitten, lenken Sie nicht von der Frage ab, um die es hier geht: Periode oder Chaos?", rief der Vorsitzende den Freier zur Ordnung.

Da bat der so Bedrängte darum, man möge ihm Gelegenheit geben, das Gebilde näher zu prüfen.

„Ich bin zuversichtlich", sagte er, „dass es mir mit Hilfe meiner Wörterbücher gelingen kann, das Hieroglyphenchaos zu entziffern. Überdies findet sich in meiner Herberge eine starke Lupe, mit der ich die winzigen Miniaturen, die mit bloßem Auge nur schwer zu erkennen sind, vergrößern könnte. Bitte, geben Sie mir nur zwei Stunden Zeit, dies zu tun."

Die Jurymitglieder steckten die Köpfe zusammen, tuschelten miteinander und beschlossen sodann mehrheitlich, der Bitte des Freiers stattzugeben. Herr Reh erhielt eine Kopie von Ababas derzeitiger Gestalt und durfte sich mit ihr für zwei Stunden in sein Zimmer Nr. 11 zurückziehen.

Dort ging er an die Arbeit. Zunächst bemühte er alle ihm verfügbaren Wörterbücher der chinesischen, japanischen und koreanischen Sprachen. Doch kein einziges der auf der Kopie sichtbaren Miniaturgebilde war in einem dieser Folianten verzeichnet.

„Es muss sich wohl um eine Sprache handeln, für die es noch kein Wörterbuch gibt. Sollten vielleicht Außerirdische uns auf diesem Wege eine Nachricht zukommen lassen wollen?", fragte er sich. Doch wies er diese Möglichkeit sogleich wieder von sich, denn wenn es so wäre, würde ihm das die Jury nie abnehmen und er würde des Landes verwiesen.

Er griff zur Lupe. Er hatte deren mehrere, mit verschiedenen Stärken. Eine nach der anderen kam zum Einsatz. Die Miniaturen wurden allmählich größer, aber anstatt dass die Konturen schärfer hervortraten, lösten sie sich immer mehr auf. Die Gebilde, die das Fräulein Dr. Lieseseil als die lateinischen Buchstaben B, K und R erkannt haben wollte, waren in dieser Gestalt überhaupt nicht mehr vorhanden. Herr Reh sah sie nur dann, wenn er das Bild mit bloßem Auge betrachtete. Schließlich griff er zur stärksten Lupe, die er besaß. Sie war so stark, dass sie die winzigen Gebilde in einzelne Pixel auflöste. Er richtete sie auf die linke Hälfte des Bildes, auf die, welche die seltsamen Gebilde auf schwarzem Grund zeigte. Nun war die Überraschung perfekt (Abb. 18a).

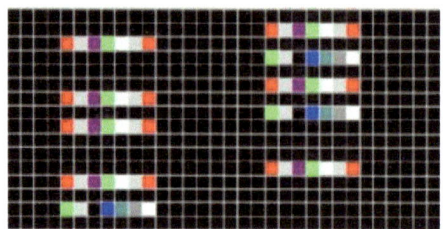

Abb. 18a

In das Nullkontinuum, das diese Hälfte ausfüllte, waren in unregelmäßigen Abständen voneinander zwei Sequenzen eingelagert. Beide waren siebenstellig. Die eine war 3(17)04(13)(16)1, die andere 2(17)(12)31(17)2. Nur diese beiden Arten von Sequenzen waren bei dieser Vergrößerung zu sehen.

„Von irgendwelchen Miniaturgebilden keine Spur! Nur solche, im Nullkontinuum chaotisch verteilte Sequenzen!", rätselte Herr Reh.

Erst als er mit der Vergrößerung wieder zurückging, rückten manche der Sequenzen so zusammen, dass man meinen konnte, es entstünden strukturierte Gebilde.

Was sollte er der Jury berichten?

„Im Grunde hat Dr. Torfrot recht," versuchte er, seine Beobachtungen zu ordnen. „Das Zentrum besteht aus einem periodischen Kern. Links von ihm sind zwei Sequenzen in nicht enden wollender Anzahl im Nullkontinuum chaotisch verteilt. Auf der rechten Seite wird es wohl eine analoge Situation geben. Betrachtet man das Ganze aus gehöriger Entfernung, so schließen sich manche der Sequenzen scheinbar zu strukturierten Gebilden zusammen, die wie Hieroglyphen oder Zeichen aus einer mir unbekannten Sprache aussehen."

Er hatte keine Wahl; er musste der Jury getreulich berichten, zu welchem Schluss er gekommen war: „Sowohl Periode als auch Chaos, aber eher strukturiertes Chaos".

Dr. Torfrot triumphierte. Prof. Reger schüttelte missbilligend den Kopf. Das Gremium war sich unschlüssig, wie man mit diesem Freier verfahren sollte. Einerseits bewegte sich die Prinzessin im Strukturtyp PER; der Kandidat hatte also bestanden. Andererseits hat er sie in ein Chaos versetzt, wenn auch – wie er sich ausgedrückt hat – in ein „eher strukturiertes Chaos", und deshalb müsste er des Landes verwiesen werden.

Wieder, wie schon in den Fällen des Regisseurs Dr. U. Essiger und des Kassierers Eissak, war es Pal I. höchstselbst, der das Urteil sprach:

„Der Kandidat hat die Prinzessin ins Chaos geführt; er hat die Prüfung nicht bestanden und hat somit das Recht verwirkt, im zweiten Wahlgang eine weitere Chance zu erhalten. Weil er aber im Strukturtyp PER verblieben ist, braucht er nicht des Landes verwiesen zu werden. Er möge also seinen Platz in der Herberge der Freier räumen und seiner Wege ziehen."

So weise war Pal I. Und Königin Palina stimmte ihm zu.

*

Die Liste der eingeschriebenen Freier war noch lang. Zu lang, wie einige Mitglieder der Jury befanden. Doch das Reglement des Wettstreits sah nun einmal vor, dass jeder, der die Kriterien erfüllt – ein gebürtiger Palindromier und von untadeliger Gesinnung gegenüber der Regentschaft Pals I. zu sein – , das Recht habe, um die Hand der Prinzessin anzuhalten. Weder niedriger Stand, fehlender Besitz noch zu hohes Alter sollten ihn daran hindern. Von dieser Regelung war, wie wir wissen, schon wiederholt Gebrauch gemacht worden, als es um Stand und Besitz ging.

Nun kam erstmalig das Problem auf, ob auch Rentner zum Wettstreit zugelassen werden sollen. Wie weit durfte man bei gegebenem hohen Alter eines Freiers der Prinzessin zumuten, ihn als Gemahl zu akzeptieren, wenn der Altersunterschied zu groß war?

„Wie groß ist groß?" fragten die Befürworter der Regelung zurück. Deren Anwalt erklärte, Größe sei etwas Relatives, die Maus, die vor der Katze sitzt, hält diese für groß, der Löwe aber, der sich ihr nähert, hält sie für klein. Und er nannte Beispiele von Politikern, Schauspielern, Sportlern und anderen Prominenten, die im hohen Alter mit Vorliebe junge Frauen heiraten, und dass solche Ehen in den meisten Fällen bis zum baldigen Ableben der einen Ehehälfte – in der Regel der männlichen – glücklich gewesen seien. Das Alter eines Freiers darf ihm nicht zum Nachteil gereichen.

Es blieb also dabei: Der Altersunterschied ist kein Hindernis für eine Bewerbung.

Auf diese Entscheidung berief sich nun ein Freier, der bereits den familiären Status eines Opas hatte und dessen Frau schon vor vielen Jahren verstorben war. Sein Alter sei hier nicht genannt; dafür sei vermerkt, dass er von einer für sein Alter stattlichen Statur war, gute Sitten hatte und bei seinen zahlreichen Liebeleien immer noch eine gute Figur machte. Die ihn kannten, nannten ihn nur den *Apoll-Opa*. Freilich fiel ihm in letzter Zeit das Laufen schon etwas schwer, und die Luft wurde knapp dabei. Auch war es schon wiederholt vorgekommen, dass in der Straßenbahn junge Mädchen ihm ihren Platz anboten, wenn die Bahn so voll besetzt war, dass er selbst keinen Platz fand. Dieses Erlebnis wirkte auf ihn besonders frustrierend. Dankend lehnte er jedesmal ab und hätte es viel lieber gesehen, wenn er das junge Ding auf seinen Schoß hätte nehmen können.

Apoll-Opa wollte den Frust nun endgültig loswerden und stellte sich trotzig der Prüfung. Dabei war er Realist genug, um von vornherein zu wissen, dass, selbst wenn er in die Endrunde des Wettstreits kommen sollte, er gegenüber den jüngeren Mitbewerbern hoffnungslos abgeschlagen wäre.

„Wer küsst schon meine greisen Haare?", hatte er sich am Morgen vor seinem Auftritt, noch gefragt. Und jetzt, als er die Stufen zu der Bühne hinauf schritt und der Juryvorsitzende ihm Tisch und Laptop zuwies, war er vollends von der Aussichtslosigkeit seines Tuns überzeugt. Nichtsdestotrotz sollte die Prinzessin erfahren, dass auch das Alter nicht ohne Hoffnungen und Träume ist. So neigte er sein betagtes Haupt vor ihr und sprach:

> „Lass uns, Kind, der Jugend brauchen,
>   weil uns noch die Schönheit blüht:
> Wenn die Geister einst verrauchen
>   und die Totenfarb umzieht
>   unser runzliches Gesichte:
>   Wer begehrt denn unsern Kuss?
>   Nimm sie an, der Rosen Früchte,
>   eh ihr Blatt verwelken muss."

Ababa blickte ihn freundlich an. Sie kannte dieses Gedicht sehr wohl. Es stammte von dem aus Erfurt gebürtigen und dem 17. Jahrhundert angehörenden Kasper Stieler. Sie dachte schon darüber nach, womit sie Apoll-Opa antworten könne, als dieser fortfuhr:

> „Ob die Alten mürrisch zanken,
> nehmen sie der Freude wahr;
> muss man drum mit ihnen kranken?
> Nein, ich acht es nicht ein Haar."

Nein, sie wollte weder mit ihm zanken noch ihn wegen seines Alters kränken. Allein, dass er ihr in aller Öffentlichkeit die Aufwartung machte, verdiente Achtung und Sympathie. Weißes Haar, ein runzeliges Gesicht und sein gebeugter Rücken vermochten nicht, die frohe Erinnerung an die Jahre der Jugend auszulöschen, die ihn erfüllte. Die Wehmut der Erinnerung wurde eins mit der Lust am Gegenwärtigen und dem Mut zur Hoffnung auf das Kommende.

> „Die besüßten Frühlingstage",

hörte sie ihn nun weiter sprechen,

> „laufen flügelschnelle fort,
> denn so hilft uns keine Klage,
> kein erseufzend Bittewort,
> sie gedenken nie zurücke:
> Was hin ist, das bleibet hin.
> Dies beruht auf einem Blicke,
> dass ich froh und traurig bin."

Sie sah es ihm an, wie froh ihn ihre Gegenwart, ihr Blick und ihre Güte stimmten, und zugleich, wie traurig er war zu wissen, dass die Zeit der erhörten und erfüllten Minne vorüber war. Alles, was er ihr heute noch zu geben vermochte, war guter Rat:

> „Drum so brauch, mein Kind, der Zeiten,
> weil die Zeiten grünend sein.
> Was uns bleibt, sind Traurigkeiten,
> gehn uns diese Zeiten ein."

Hier brach seine Stimme ab und eine Träne rann ihm über seine rechte Wange. Die Prinzessin küsste sie und seine greisen Haare.

Die Präsentation musste wegen akuter Erschöpfung Apoll-Opas an dieser Stelle unterbrochen werden. Ein aus dem Publikum herbei eilender Arzt stellte eine leichte Kreislaufschwäche fest und verabreichte dem Patienten ein Mittel, das ihn nach einer Stunde wieder einigermaßen auf den Beinen stehen ließ.

Ababa, die sich inzwischen über Kasper Stielers weitere Dichtungen kundig gemacht hatte, belohnte den Freier nun, indem sie ein Lobeslied auf die Liebe als solche und was sie uns lehrt anstimmte, und es nicht nur in Auszügen, sondern in voller Länge vortrug:

> „Die Liebe lehrt im Finstern gehen,
> sie lehret an der Tür uns stehen,
> sie lehrt uns geben manche Zeichen,
> ihr süß Vergnügen zu erreichen.

Sie lehrt auf kunstgemachten Lettern
zur Liebsten Fenster einzuklettern,
die Liebe weiß ein Loch zu zeigen,
in ein verriegelt Haus zu steigen.

Sie kann uns unvermerkt führen
Durch so viel wohlverwahrte Türen,
den Tritt kann sie so leise lehren,
die Mutter soll auf Katzen schwören.

Die Liebe lehrt den Atem hemmen,
sie lehrt den Husten uns beklemmen,
sie lehrt das Bette sacht aufheben,
sie lehrt uns stille Küsschen geben.

Dies lehrt und sonst viel mehr das Lieben
Doch willstu dich im Lieben üben:
So muss die Faulheit stehn beiseite,
die Lieb erfordert frische Leute.

Wer lieben will und nichts nicht wagen,
wer bei dem Lieben will verzagen:
der lasse Lieben unterwegen.
Der Brate fliegt uns nicht entgegen."

Apoll-Opa wusste so viel Huld sehr wohl zu schätzen; sein Puls schlug merklich schneller, als die Prinzessin von den Zeichen sprach, die uns die Liebe lehrt, ihr süßes Vergnügen zu erreichen, oder gar, auf einer Leiter zu der Liebsten Fenster einzuklettern. Mit Wehmut im Herzen hörte er aber auch, dass die Liebe frische Leute brauche, denn der Braten will erst tunlichst bereitet sein und fliegt uns nicht entgegen wie im Schlaraffenland die gebratenen Tauben.

So gestaltete sich der dem Minnegesang gewidmete Teil der Präsentation Apoll-Opas zu einem für alle – den König und der Königin, für Ababa, die Jury, das Publikum und nicht zuletzt für ihn selbst – bewegenden und lehrreichen Vormittag. Nach einer zweistündigen Ruhepause erschien der Kandidat am Nachmittag erneut, um sich dem Palindromisierungstest zu stellen.

Er bat um die dreizehnjährige Prinzessin. Hatte seine Ohnmacht am Vormittag für Unruhe im Publikum gesorgt, so brach jetzt ein Sturm der Entrüstung los. Rufe ertönten wie

„Unerhört!", „Schamlos!", „Je oller, desto toller!", „Alter Lustbock!"

und andere in dieser Art. Apoll-Opa ließ der Tumult jedoch kalt.

„Ich bitte, die Prinzessin nach dem Modus $m = (s_2a_1)_2(a_2s_2)_2(a_2s_1)_2(a_1s_1)_{29}s_8(86)$ palindromisieren zu dürfen," sprach er mit fester Stimme die vorgegebene Formel, „und zwar mit 16-facher Moduslänge, bitte schön."

„Die Moduslänge hast Du wohl nach Deinem Alter gewählt?", rief ein junger Mann mit Punk-Frisur aus dem Publikum. Seine Umgebung freute sich hörbar über diesen Einwurf, der wohl ein Witz sein sollte. Doch Prof. Reger bat um Aufmerksamkeit für die Prozedur.

Das Zeichen wurde gegeben, und Ababa setzte sich in Bewegung.

Apoll-Opa stellte sich durchaus nicht ungeschickt an. Es wollte ihm indes nicht gelingen, die Prinzessin mit einer solchen Wespentaille auszustatten, wie es der Akrobat Aborka vermocht hatte, oder sie so füllig werden zu lassen, wie der Freibier-Fred das konnte. Seine Ababa hatte überhaupt keine Taille; sie zeigte auch keine ausladenden Formen, sondern war eigentlich ein Brett, von Kopf bis Fuß gleichbreit.

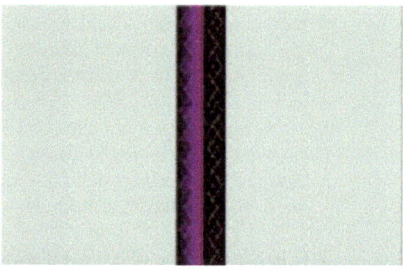

Abb. 19

Das Publikum johlte und bog sich vor Lachen. Sie lachten Apoll-Opa aus, der in seiner grenzenlosen Einbildung sich anmaßte, die dreizehnjährige Prinzessin wohlgefällig zu palindromisieren.

Anders die Jury. Prof. Salamander hatte als erster die eigenartige Maserung des Brettes bemerkt und die übrigen Jurymitglieder darauf aufmerksam gemacht. Die Figur durchzogen in der linken und in der rechten Hälfte zwei Stränge sich kreuzender Linien. Genauer besehen waren in jeder Hälfte zwei Spiralen ineinander verflochten.

„Mein Gott, die Doppelhelix!", rief der Biologe mit weit aufgerissenen Augen. „Wie ist das möglich? Da kommt so ein alter Knacker daher, der kaum die Stufen zur Bühne hinauf schafft, und macht seelenruhig aus Ababa eine Doppelhelix."

Doch eigentlich waren es ja zwei Doppelspiralen, eine linke und eine rechte. Die rechte durchzog das Null-Kontinuum. Prof. Salamander heftete seinen Blick indes auf die linke.

„Unglaublich!", stieß er hervor, „hier sind auch noch beide Stränge durch $(b - 1)$ – Brücken miteinander verbunden."

Er bat um eine Vergrößerung der Struktur. Angesichts seines erregten Zustandes wurde sie ihm ausnahmsweise gewährt.

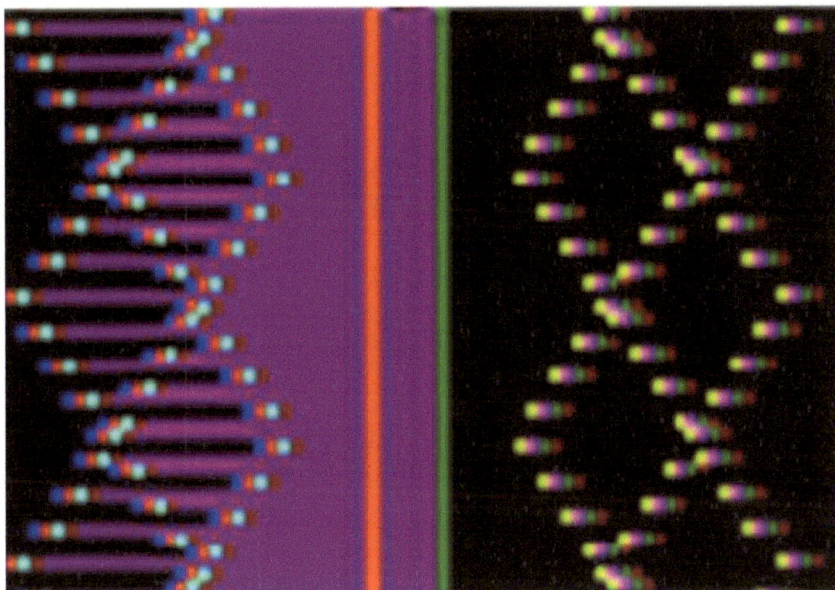

Abb. 19a

Fräulein Dr. Lieseseil nutzte die Gelegenheit, ihn nun doch zu bitten, einen Artikel für die DNA über die DNA unter besonderer Berücksichtigung des Auftritts von Apoll-Opa auf dem Wettstreit der Meisterfreier von Palindromien zu schreiben.

Der Dekan der Fakultät für Palindromik und Vorsitzende der Jury, Prof. Dr. Reger, machte dieser Diskussion jedoch ein Ende, indem er erklärte:

„Vom Standpunkt der Palindromik, und nur den hat die Jury anzulegen, ist die Struktur jedenfalls vom Typ PER."

„Man könnte auch sagen, sie sei ein Gebilde ohne repetitive Sequenzen, sozusagen ein reiner, ein nackter Kern," ließ sich Prof. Radar vernehmen.

„Das mit dem nackten Kern sollten wir in die Wertung von Apoll-Opas Leistung vielleicht doch lieber nicht aufnehmen," schlug Fräulein Dr. Lieseseil vor, und alle stimmten ihr zu.

Pal I. drehte seinen königlichen Daumen, der von gleicher Dicke und gleichen Alters war wie der von Apoll-Opa, mit der Spitze nach oben
Prof. Salamander aber nahm die Vergrößerung mit in sein Laboratorium, um sie am nächsten Tag noch etwas eingehender zu studieren. Er legte sie unter sein Mikroskop und traute seinen Augen nicht: Jeder Strang wurde gebildet aus Sequenzen, die nur aus vier Elementen bestanden. Der linke Doppelstrang bestand nur aus den Sequenzen 4278, der rechte nur aus 5698. Er fertigte auch von diesem Phänomen Abbildungen an (Abb. 19b und 19c) und überlegte ernsthaft, ob er der Bitte von Fräulein Dr. Lieseseil nun nicht doch nachkommen und einen Beitrag für die DNA über Ähnlichkeiten und Unterschiede zwischen der DNA und Strukturen vom Typ PER schreiben sollte.

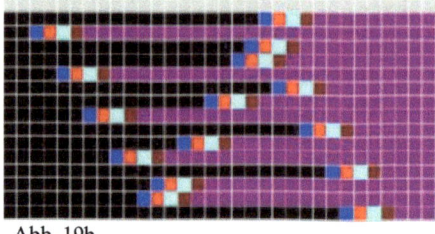

Abb. 19b

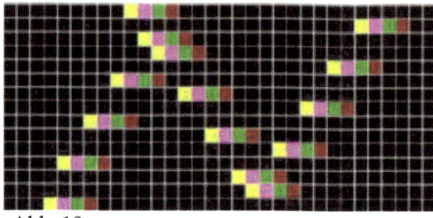

Abb. 19c

*

Nach dem Apoll-Opa kam die Reihe an einen jungen Wilden. Dieser hatte, bevor er sich für den Wettstreit hatte einschreiben lassen, noch an einer Demonstration vor dem Königlichen Palast teilgenommen. Das Transparent, das er zusammen mit sieben anderen Königskritikern vor dem Palast aufspannte, trug die Losung:

„Ababa für alle! Alle für Ababa!".

Die jungen Rebellen liebten ihre Prinzessin; jeder von ihnen trug ihr Bild in seinem Herzen. Sie hätten sie lieber heute schon als erst morgen auf dem Thron gesehen. Und natürlich dachte jeder daran, an ihrer Seite das Land zu regieren. Viele hatten sich deshalb zum Wettstreit gemeldet. *Rebell Leber* aber war der erste, der die Bühne, die das Königreich verhieß, betreten durfte.

Gekleidet war er in dem internationalen Stile der jungen Generation. Aus den zerfransten blauen Jeans guckten die nackten Knien des Freiers hervor; sein schwarzes T-Shirt trug in roten Lettern die Aufschrift „Born to be wild"; abgelaufene Turnschuhe wurden durch meterlange Schnürsenkel zusammengehalten, und auf dem kahl geschorenen Kopf trug er ein rotes Basecap, dessen Schirm nach hinten gerichtet war.

Noch am Vorabend seines Auftritts hatte er, nachdem er in der Königlichen Bibliothek ausgiebig Theobald Hoeck studiert hatte, im Kreise der Freier und angefeuert von seinen Freunden, eine leidenschaftliche Rede gegen alle Herren dieser Welt gehalten, gegen Rats- und Ja-Herren, Dom- und Chorherren, Freiherren und Jungherren, Tempelherren, Hof- und Kammerherren, und natürlich gegen Kreuzherren, doch auch gegen Pfarrherren und sogar gegen Glehrtherren. Heute nun wollte er der Königstochter zwar seine Aufwartung machen, aber mit dem Königreich als Erbe hatte er nichts im Sinn. Er wollte frei sein und als ein

Mensch wie jeder andere auch zu jeder Stunde tun oder lassen können, was er wollte. Ababas Bild trug er in seinem Herzen nicht, weil sie königlichen Blutes war, sondern weil sie klug und anmutig, lieb und freundlich zu jedermann war. Eigentlich, sagte er sich im Stillen, kann ihr Herz an diesem muffigen Königshofe gar keine echte, tiefe Liebe finden, und ihr Geist keine Erfüllung seines Strebens nach Gleichheit und Gerechtigkeit.

Mit dieser Stimmung und in dieser Befindlichkeit stieg er die Bühne empor. Er verneigte sich tief vor Ababa, nickte leicht zur Jury hinüber, winkte mit seiner Linken in Richtung der Königlichen Loge, und umfing sodann das Publikum mit beiden Armen symbolisch wie ein Tenor nach dem hohen C. Bevor er mit seinem Vortrag begann, gab er jedoch eine Erklärung ab.

Das Lied, das er gewählt, sei zwar ein altfranzösisches, doch könnte es auch von ihm und mit Blick auf das Königreich Pals I. geschrieben sein. Sein wahrer Autor aber sei Conon de Béthune. Diesen ehrwürdigen Troubadur habe zwar der Herr Kanzler schon auf sein Panier geschrieben gehabt, doch mit einer Stelle, auf die Ababa – Ja, er sagte „Ababa" und nicht „Prinzessin"! – seinerzeit klug und treffend geantwortet habe. Wenn auch er diesen Dichter und sogar das Lied, aus dem der Kanzler vorgetragen , bevorzugt, so nicht, weil er sich mit einem Hofherren auf eine Stufe stellen wolle. Der Herr, und jetzt legte er eine dreifache Betonung auf „Herr", sei wie alle Herren dieser Welt, mehr als überflüssig, und im übrigen ...

„Herr Kandidat", unterbrach ihn der Vorsitzende der Jury, „ich bitte um Vergebung, dass ich Sie als ‚Herr' anspreche, aber Sie sind nun einmal keine Dame. Also, mein Herr, wollen Sie bitte zur Sache kommen und ihre Präsentation beginnen!"

Rebell Leber setzte schon zu einer Erwiderung an, besann sich aber noch rechtzeitig, wandte sich der Prinzessin zu und deklamierte:

> „Herrin, bei Gott, zum Schaden war Euch mehr,
> Dass Euch des hohen Standes Stolz focht an.
> Wohl sieben Ritter liebten einst Euch sehr,
> Doch ihre Liebe längst zu nichts zerrann.
> Selbst wenn es eine Königstochter wär:
> Kein Weib liebt man um seines Namens Ehr.
> Klugheit und Anmut stets ein Herz gewann
> Und Freundlichkeit. Nehmt es Euch, Dame, an!"

„Wieso sieben?", fragte sich Ababa. „Sind es nicht schon fünfzehn, die mir vor ihm hier an dieser Stelle ihre Liebe gestanden? Für wie alt hält er mich eigentlich, dass er mir die Anzahl meiner Freier aufrechnet?"

Andererseits fühlte sie sich ihm zugetan, wie er ihre Klugheit, Anmut und Freundlichkeit rühmte. Natürlich sollte ein Mann seine Angebetete nicht um ihres Namens oder ihrer Herkunft willen lieben. Wer aber kann für seinen Namen und seine Herkunft? Ababa wollte keinem von beiden je entsagen.

Nun wurde es Zeit, dem jungen Mann zu antworten. Da ihr Disput mit dem Kanzler sich im Rahmen eines und desselben Kreuzzugsliedes abgespielt hatte, und auch der jetzige Freier darauf abhob, verblieb auch sie in diesem Lied:

> „Bei Gott, wie töricht, Ritter, redet er
> Und rechnet schamlos mir mein Alter an.

Auch wenn verloren meine Jugend wär,
Nach meiner Liebe strebte mancher Mann.
Von höchster Herkunft bin ich. Wiegts nicht schwer?"

„So ist's recht, Ababa", raunte ihr die Mutter zu. „Lass keinen Zweifel an Deiner edlen Herkunft!"

„Nicht auf die Herkunft kommt es an", begann Rebell Leber noch einmal. Der Vorsitzende der Jury erlaubte jedoch nicht, den literarischen Teil der Prüfung noch länger hinaus zu ziehen und verfügte statt dessen den Beginn des praktischen Teils, indem er nach gewünschtem Alter der Prinzessin sowie nach Modus und Zykluslänge der Palindromisierung fragte.

Der Rebell begehrte die Prinzessin im blühenden Alter von 16 Jahren. Als sie vor seinen Tisch trat, packte er sie respektlos bei den Händen, drehte sie um und begann seine Vorstellung, ohne jedoch der Jury, wie es Pflicht eines jeden Freiers war, Strukturtyp, Modus und Zykluslänge bekanntzugeben. Man erinnerte sich in der Jury, dass es einen solchen Vorfall schon einmal gegeben hat. Auch der Akrobat Aborka hatte es seinerzeit abgelehnt, diese Daten der Öffentlichkeit preiszugeben. Sein Motiv hierfür war gewesen, ein persönliches und berufliches Geheimnis hüten zu müssen. Überdies hatte er damit im Interesse der Sicherheit des Königshauses gehandelt, denn es war unvorstellbar, wie der Zutritt zum Königlichen Palast wirksam kontrolliert werden sollte, wenn die Eindringlinge sich unsichtbar machen konnten.

Rebell Leber hatte ein so edles Motiv nicht. Ihm kam es darauf an, mit Ababa schnell an Boden zu gewinnen.

„Beeile Dich, Liebes, wir müssen fort," trieb er sie an, Zyklus um Zyklus zu vollenden. „Geh den Weg, den ich Dir weise."

„Was soll das?", wollte Ababa erwidern. Die strapaziöse Schlittenfahrt mit Freier Heliks spürte sie noch jetzt in allen Gliedern. Was hatte der Rebell mit ihr vor? „Gehen wir heute Schlitten fahren? Oder machen wir eine Radtour?"

„Schau nach vorn, damit Du nicht strauchelst. Der Weg ist schmal, ganz schmal. Und es ist dunkel hier."

Tatsächlich: Ababa tappte in eine rabenschwarze Nacht, in ein Kontinuum aus lauter Nullen. Sechs Zyklen zu je 122 Schritten hatte sie wie blind schon vollführt, nur gestützt auf des Rebellen Hand, als sich ein leuchtender Pfad unter ihr auftat. Ihr Freier drängte sie auf den schmalen Steg und löste seine Hand von der ihren. Er gebot ihr, immer dem Lichte zu folgen, um auf keinen Fall ins Nichts abzustürzen und für ewig in ihm zu verschwinden.

Er selbst beschritt den zweiten Weg, denn nun – Ababa sah es ganz deutlich – durchschnitt noch ein zweiter leuchtender Pfad die schwarze Nacht. Beide Wege strebten voneinander weg; der Abstand zwischen ihnen wurde ausgefüllt von immer mehr Nullen (Abb. 20).

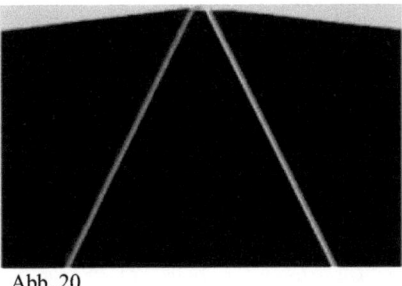

Abb. 20

„Warum lässt Du mich allein?", rief sie in die lautlose Nacht. „Du musst mich führen; ich fürchte mich in dieser Dunkelheit."

„Du bist nicht allein," kam die Antwort aus dem Dunkel. „Schau auf den Weg und vertrau auf Dich!"

Die Prinzessin richtete den Blick nach unten. Der Weg war mit Pixeln gepflastert, acht an der Zahl. Sie las:

„(15)(12)(12)(13) (14)(15)01."

„Schau auf den Weg und vertrau auf Dich!", hallte das Echo in der Dunkelheit wider.

Unverwandt schaute sie nach unten auf die Pflaster-Pixel. Plötzlich schrie sie auf.

Was ihr in diesem Moment widerfuhr, hat jeder schon einmal erlebt, der ein Vexierbild angeschaut hat. In ein solches Bild ist unauffällig eine zu suchende Person oder eine Sache eingezeichnet, die entweder durch Drehen des Bildes gefunden werden kann, oder indem man kurz die Augen schließt und sie dann erneut auf das Bild richtet. Ein bei Psychologen beliebtes Beispiel ist das Figur – Grund – Problem eines Kipp-Bildes, bei dem – je nachdem, worauf man den Blick fixiert – vor weißem Hintergrund zwei Gesichter, vor schwarzem Grund aber eine Vase erscheinen.

Als die Prinzessin erneut die hellen Pflaster-Pixel betrachtete, erkannte sie plötzlich, dass sie es selbst war, die sich den Weg erleuchtete. Von den acht Pixeln waren die ersten vier gewöhnliche Pflaster-Pixel, die letzten vier aber, die das Leuchten bewirkten, waren (14)(15)01. Drehte sie diese Vierersequenz so um, dass die letzte Ziffer zur ersten und die vorletzte zur zweiten wurde, so erhielt sie

1 0 (14) (15),

und das war nichts anderes als sie selbst in der Gestalt einer 16-jährigen Prinzessin:

1 0 (16 – 2) (16 – 1),

also   a (a – 1) (b – a – 1) (b – a) oder   **A b a b a!**

„Wo bist Du?", rief sie in die Nacht.

Schon ganz von fern und kaum noch hörbar kam die Antwort:

„Ich gehe einen anderen Weg, Er ist so endlos wie Deiner. Niemand weiß, wann und wo er jemals endet. Doch so verschieden unsere Wege sind, so unzertrennlich sind sie auch. Ich kann den meinigen nur gehen, weil Du den Deinigen gehst. Und Du bist auf dem richtigen Wege, weil ich ihn Dir gewiesen habe."

„Du sprichst vom rechten Wege, den Du mich gehen lässt. Was ist der rechte Weg, und wohin führt er mich?"

„Du hast es selbst erkannt: Der rechte Weg, das bist Du selbst. Du selbst, Ababa, bist es, die den Weg Dir erleuchtet. Und Du selbst bist es, zu der er Dich führt."

Ababa lauschte in das Dunkel. Noch einmal vernahm sie des Rebellen Stimme:

„Geh Deinen Weg, Ababa! Du selbst bist der Weg, und Du bist es selbst, die ihn Dir erleuchtet!"

Dann war Todesstille in dem schwarzen Nichts. Nur Ababa leuchtete sich selbst und schritt auf schmalem Pfade in eine ungewisse Zukunft.

*

Vor dem Königspalast spielten sich am nächsten Morgen ungewöhnliche Szenen ab. Die gestrige Präsentation des Rebellen Leber war von der Jury abgebrochen und für ungültig erklärt worden, nachdem beide – die Prinzessin und der Rebell – von der schwarzen Bildleinwand verschwunden und seitdem nicht wieder aufgetaucht sind. Auf den Transparenten war zu lesen: „Ababa – Wo bist Du?", „Wir wollen unsere Prinzessin wieder haben!", Nieder mit den Rebellen!". An den Kiosken der Hauptstadt prangten die Schlagzeilen der Morgenzeitungen: „Erstes Kidnapping in Palindromien – Der Täter flüchtig", „Rebell entführt Prinzessin", „Wo war die Jury, als es geschah?", „Wo war des Königs Daumen?" Nur das „Neue Palindromien" fragte: „Wer vermag den Schmerz unserer hochverehrten Majestäten Pal I. und Königin Palina zu ermessen?"

Die Kundgebungen zogen sich eine ganze Woche hin. An die Kür eines Siegers im Wettstreit der Meisterfreier war nicht mehr zu denken. Erstens hatte bisher keiner der Bewerber einen entscheidenden Vorsprung vor allen anderen erzielt. Zweitens waren noch mehr Freier gar nicht erst zu Wort gekommen. Und drittens schließlich, und das war wohl der Hauptgrund, warum der König den Wettstreit für ergebnislos erklärte: Es gab keine Prinzessin mehr, um deren Hand geworben werden konnte.

Das war die Geschichte von dem Wettstreit der Meisterfreier von Palindromien.

Ababa aber, die umworbene Sequenz, geht ihren Weg und leuchtet sich selbst. Und irgendwann und irgendwo wird sie bestimmt wieder zu sehen sein. Und manche Freier werden sich erneut um sie bewerben.

Daten der Abbildungen

Nr.	b	Ababa	m	Z_l
1	10	10 8 9	$s_9 a_5 (a_3 s_3)_7 (56)$	m_l
2	12	10(10)(11)	------------	---
3	12	10(10)(11)	$a_1 s_4 (5)$	m_l
4	14	10(12)(13)	$(a_1 s_2)_2 (a_1 s_1)_9 a_6 s_5 a_4 s_9 (48)$	$2m_l$
5	27	10(25)(26)	$(a_1 s_2)_2 (s_2 a_1)_2 (a_1 s_1)_2 s_1 (17)$	m_l
6	29	10(27)(28)	$s_8 a_1 s_1 a_8 s_9 a_8 s_1 (36)$	m_l
7	18	10(16)(17)	$a_7 (s_2 a_1)_4 s_2 (21)$	m_l
8	5	10 3 4	$a_1 s_2 a_2 s_2 a_1 s_1 a_1 s_2 a_2 s_2 a_2 s_4 (22)$	$2m_l$
9	32	10(30)(31)	$a_1 s_2 a_3 s_4 a_4 s_3 a_2 s_1 (a_1 s_1)_2 (44)$	m_l
10	16	10(14)(15)	$a_{11} (s_1 a_2)_2 (a_1 s_1)_4 s_4 a_{18} s_{10} (57)$	m_l
11	20	10(18)(19)	$s_7 a_{11} a_2 s_2 (22)$	m_l
12	17	10(15)(16)	$a_7 s_2 a_1 s_1 (s_1 a_1)_5 a_6 s_{11} (38)$	m_l
13	32	10(30)(31)	$(s_1 a_1)_2 (a_1 s_2)_{48} (148)$	$2m_l$
14	32	10(30)(31)	$a_5 s_6 a_6 s_1 a_5 s_2 a_7 s_1 (a_1 s_1)_2 a_4 s_4 a_{15} (60)$	$4m_l$
15	16	10(14)(15)	$a_7 s_2 a_2 s_1 (a_3 s_3)_2 a_2 (26)$	m_l
16	21	10(19)(20)	$a_7 s_2 (a_1 s_1)_2 a_6 s_2 a_2 (23)$	m_l
17	,,	,,	,,	$16m_l$
18	19	10(17)(18)	$s_2 a_2 s_2 (a_2 s_1)_2 (a_1 s_1)_{21} s_2 (56)$	m_l
19	13	10(11)(12)	$(s_2 a_1)_2 (a_2 s_2)_2 (a_2 s_1)_2 (a_1 s_1)_{29} s_8 (86)$	$16m_l$
20	16	10(14)(15)	$a_2 s_1 a_2 s_2 a_1 s_2 (a_1 s_1 a_2 s_5)_{11} a_{13} (122)$	m_l